U0251061

无尽之海

从史前到未来的极简海洋史

[美] 海伦 · 罗兹瓦多夫斯基　著
张玥　译

新世界出版社
NEW WORLD PRESS

北京版权保护中心引进书版权合同登记号：图字 01-2019-5903 号

图书在版编目（CIP）数据

无尽之海 ： 从史前到未来的极简海洋史 / （美）海伦·罗兹瓦多夫斯基著 ； 张玥译. -- 北京 ： 新世界出版社，2019.12
ISBN 978-7-5104-6916-9

Ⅰ. ①无… Ⅱ. ①海… ②张… Ⅲ. ①海洋－文化史－研究－世界 Ⅳ. ①P7-091

中国版本图书馆 CIP 数据核字（2019）第 230413 号

无尽之海：从史前到未来的极简海洋史

作　　者：[美] 海伦·罗兹瓦多夫斯基
译　　者：张　玥
责任编辑：丁　鼎
责任校对：宣　慧
责任印制：王宝根　苏爱玲
出版发行：新世界出版社
社　　址：北京西城区百万庄大街 24 号（100037）
发 行 部：(010) 6899 5968（010）6899 8705（传真）
总 编 室：(010) 6899 5424（010）6832 6679（传真）
http://www.nwp.cn
http://www.nwp.com.cn
版 权 部：+8610 6899 6306
版权部电子信箱：nwpcd@sina.com
印　　刷：天津中印联印务有限公司
经　　销：新华书店
开　　本：880mm×1230mm　1/32
字　　数：250 千字　　印　　张：8.25
版　　次：2019 年 12 月第 1 版　　2019 年 12 月第 1 次印刷
书　　号：ISBN 978-7-5104-6916-9
定　　价：45.00 元

谨以此书献给丹尼尔

广阔无垠、无迹可寻、虚无缥缈的海面。

目　录

| 绪言 |

人与海洋

你们的丰碑、战争、烈士，在哪里？

你们的部族记忆，在哪里？

先生们，在那灰暗的墓穴之中——海洋。

海洋已将它们锁了起来。海洋即历史。

——德里克·沃尔科特（Derek Walcott），

《海洋即历史》（*The Sea is History*，1979）

浩瀚的海洋，是地球这颗蔚蓝色星球的主要特征，但却一直在历史的边缘徘徊。几乎在所有的历史叙事中，写作者都下意识地夹杂了一种陆地偏见——陆地被认定为基准。就连海滨地区及沿岸居民，也常被视为边缘地带和特殊群体，就像湿地、沼泽、珊瑚礁、暗礁以及其他那些半湿不干的地带一样。在讲述陆地上的国家与陆地上发生的事件时，海洋盆地只会出现在次要的叙事中。即便讲述发生在海上的事件时，写作者也把海洋视为一个类似陆地的扁平面，不考虑下面的纵深，仿佛它只是二维世界，而非三维空间。但是，今天已经到了将海洋置于人类历史中心的时候。倒不是说要取代陆地史，而是将海洋史添加到我们讲述的其他重要历史之中。这种视角上的转变，不仅可以丰富我们对过去的理解，还可以在海洋问题日益突出的今天，更加充实我们的世界。

本书试图讲述一部海洋的历史，但在介绍它的自然历史时，还会把它与人类的关系也纳入其中，而且既会讲它的表面，也会说它的纵深。人类探索海洋的原因多种多样，最初是因为对食物和运输的需求，但也与神话和文明息息相关。随着时间的推移，海洋被赋予了新的使命，例如科学、通信、潜艇战、采矿和娱乐。然而，海洋新用途的出现并未取代旧用途，海盗和海战、航运和走私、捕鲸和渔业等依旧在海上随处可见。海洋促进或限制着人类的活动，与此同时，人类也在影响着海洋，甚至在某些情况下，造成了巨大的影响。

绪言　人与海洋

看着风起云涌、波澜壮阔的海面，呼吸着带有咸味的空气，今天的人们也许会想到，他们与在海岸生活了世世代代的先民和水手面对的是同一片大海。然而，无论是往来的航船、破浪的鲸，还是狂风暴雨，都不曾在此留下一丝痕迹。水下的差异从海洋表面是看不出来的。其实，海洋与陆地一样，都容易受到自然和历史变化的影响。正如陆地史与人类密不可分一样，海洋史也是如此，无论这段历史如何被隐藏，无论从海洋角度看人类如何缺席，这一点都不会改变。海洋是永恒的，这一认知既是历史的产物，也是人与海洋相互关系下其他文化、政治、经济变化的产物。

本书并不是海洋史方面的权威论著，恰恰相反，它意在提供一种模式、一个起点，望能以此为开端，激发出更全面、更具包容性的海洋历史研究。本书所讨论的是整个海洋，而不仅仅是那些海岸、海面或丰饶的渔场。浩瀚的海洋为生物提供了 99% 以上的生存环境和空间，虽然人类尚未（至少到目前为止）定居于此，但人类活动一直或多或少、或有形或无形地与海洋发生着关联。本书所描绘的海洋史，是全球海洋史的一部分，展现的是在地球生命历程中海洋的出现与变化，讲述的是全球各地的海洋与沿海族群中的个体所经历的多元历史。自 15 世纪欧洲人发现所有海洋都相互连通开始，世界性的海洋故事便悄然产生了，正如本书试图说明的一样。但愿未来的历史研究也可以将海洋的个体化与多元化相结合，通过自然地理、海洋生态系统、地缘政治、经济及社会和文化等特点定义和列举某些特定的海洋。

本书围绕着三条紧密相连的主线展开。第一，人类与海洋之间漫长的发展关系，该部分包括第三维度在内的全部海洋，自人类进化开始，这种关系已延续了千年，时至今日，直至未来。海洋看似被排除在历史之外，实则占据着重要地位。第二，人类与海洋之间的关系虽由来已久，但随着工业化和全球化的发展，正变得日益紧密与多元化。尽管海陆差别巨大，但从与人类关系发展的层面看，海洋与陆地之间存在许多相似之处。人们曾普遍遵循这样一个文化假设：海洋远离人类活动，且不受人类活动影响。但这一论调与人海关系的实际发展却背道而驰。第三，无论是人类出于工作和娱乐需要，还是科学研究的目的，抑或是出于征服海洋的野心，海洋方面的相关知识在协调人与茫茫大海关系的过程中都发挥了核心作用。知识可以帮助人们探索海洋资源、控制海洋空间、扩大帝国或国家权力，或将海洋改造成更易于人类活动的场所。简言之，这些知识活跃并加强了人与海洋的联系。我认为，撰写海洋史，就必须关注海洋知识如何、由谁积累和使用，以及这样做的目的。

前两章内容涵盖了本书谈及的大部分历史阶段，着重讲述了历史在地球发展史中的重要性。第一章“海之长歌”讲述了一个始于40亿年前的故事，从恐龙出现的“牡蛎时代”开始，以海洋为中心介绍地球的发展史。那一时期，软体动物是世界的主宰。人类的出现是地球自然发展史中不可或缺的一部分，且早期原始人和智人所进行的以海洋为导向的活动，似乎在人类物种进化过程中起到了重要作用。第二章“海之遐想”继续讲述人类和海洋的漫长历史。我们发现，在这一时期，一些文明已将海洋视为其世界或领土的一部分，而另一些文明则有意识地远离海洋。15世纪以前，人们对海洋的了解十分有限，最多也只知道自己所熟悉的海盆的边界在哪里。专门从事贸易的商人与航海家虽亲身了解了相邻海盆之间可以相互连通，却并不知道地球上的海洋其实是连为一体的。

尽管世界各地的人们依赖海洋生活了世世代代，但对海洋的了解依然不足。本书的第三、四章将介绍15~19世纪这一历史时期产生的许多关于大海的新认识，以及这些知识为人类利用和感知大海提供的全新思路。第三章“海之联系”将介绍地理大发现。这一时期，欧洲列强通过海路，将世界上的已知大陆联系在一起，并为“公海自由学说”的创立奠定了基础。遍布世界的贸易网为帝国主义扩张打下了坚实基础，而帝国主义思维也有力地促进了海洋资源的开发与利用，尤其是著名的鳕鱼捕捞业。科技革命把人们从航海、海战和捕鱼中获取的海洋知识推而广之，而现代科学工作者的新发现也随之流传开来；这些新认识和新发现，又反过来使海洋得到了更广泛的利用。一直以来，航海家与渔民都在探索海洋的纵深维度，但直到 19 世纪，人们才开始对深海进行专业的调查研究——本书第四章“海之探测”将对此做详细介绍。人类对海洋新用途的开发已远非旧时可比，而先前未被探索过的远洋水域也被纳入了人类活动范围。海洋俨然已成为科学的领地、铺设跨洋通信电缆的工业基地，以及一种让迷恋海洋的人产生共鸣的文化参照物。

正如第五章和第六章所述，在 20 世纪，海洋的各种新用途层出不穷，传统的海洋活动也急剧增加。第五章“海之工业”将探讨工业化对传统海洋活动的影响。不断扩张的捕鱼业将人类与海洋资源紧密联系在一起。然而，人类消耗的海洋资源却远不止捕获的鱼类数量。蒸汽船与各类铁制工具的大量采用，提高了社会的发展速度，加快了人们的生活节奏，在影响陆地的同时，也影响到了海洋。从第一次世界大战开始，潜艇战正式将海洋的第三维度带入了全球地缘政治范畴。第二次世界大战更是引发了人类对海洋前所未有的科学探索，以期为海底战争、两栖登陆和海基航空作战提供支持。战争结束之后，海洋成了以科学促进经济发展的绝佳领域。在第六章“海之边疆”中，发明家、企业家和政府官员将美国西部边疆的比喻用在了海洋上，显示了他们看好海洋工业的发展潜力。各方对海洋资源的争夺导致海洋自由公约遭到长达几个世纪的破坏。专属经济区的扩建打破了人们对无边大海的幻想，但同时又未对海洋的密集性开发做出明确的限制。

在最后一章和后记中，本书将关注二战结束后，海洋休闲产业发展起来，人们对海洋的利用有了新的方式。正如第七章“海之体验”所介绍的，轻装潜水技术为潜水员、石油工人、科学家、休闲潜水者以及电影制作者开启了海底之门。20 世纪 70 年代，出于对鲸的关注以及对重大石油泄漏事故危害的担忧，人们开始越来越重视海洋，但这只是针对海岸及海洋珍贵物种的担忧，并没有转化为对海洋本身的关注。各种海上娱乐活动和电影越来越呈现出一种文化转型，即海洋已从强大的边疆逐渐变为脆弱的环境系统。直到近些年，海洋才作为一个整体引起普遍关注，然而，正如后记所述，人们对过度捕捞和气候变化等问题迟来的认识以及认识程度，无不影响着人们对海洋的重塑。

现在，正是书写海洋史的大好时机。近几年，诸多领域的研究成果使海洋史的撰写恰逢其时，也向世人揭示了海洋和深海在过去和现在未得到充分认识时可能造成的危害。一直以来，人类都陷入了一个基本的认识误区，觉得海洋是永恒不变的，所以也无法接受海洋在不断变化这一不太熟知的观点。人文科学提醒我们，有些人对大海的了解来自想象，但他们对海洋的了解未必不及曾在或正在海上工作的人。海的表面混沌、朦胧，却也让我们看到了反射回来的恐惧与欲望。因此，人类的动机变得和生物间的相互作用或者化学反应同样重要。虽然目前涉及海洋的问题似乎亟待科学技术解决方案，但起着核心和关键作用的仍是人文科学。一种全新的海洋视角将颠覆我们过去的认知，让我们认识到深邃时间（deep time），并展现人类与整个地球之间的深刻联系。人类与海洋之间的相互联系改变着彼此，并将彼此的命运紧密相连。承认海洋是历史的一部分，而不是将其排斥于历史之外，或许才能让我们拥有未来。

| 第一章 |

海之长歌

有关海洋的故事，都是真的。

——许多爱讲故事的海员[1]

诗人和普通人都发自内心地表达着他们对海洋的热爱，但海洋却没能以同样的爱回报。尽管海洋神秘莫测，且早在智人进化之前就已形成，但它只是那样简简单单地存在于地球上。人们始终认为，海洋是永恒不变的存在，但实际情况却是，海洋已经随着时间的推移发生了巨大变化。迄今为止，在其不断变化的 40 亿年的生命周期中，海洋在孕育生命和促进物种多样性方面发挥了主导作用。人类作为生物多样性的产物，早在进化阶段就与海洋相连。二者关系由来已久，海洋的自然历史中，包含着与人类关系的最早篇章。

液态水的存在，将我们这颗蓝色星球与太阳系中的其他星球区分开来，使海洋的形成成了人类长篇故事的第一章，或者至少是序言。水被锁在地球最早的岩石中，因为这些岩石是由水分子黏附在空间中的尘埃粒子上形成的。早期的地球温度不断上升，最终将岩石熔化，因此，任何被带到地表的水，都会以水蒸气的形式释放出来，并逃离地球——那时还没有能够捕获水汽的大气层。彗星和小行星也携带着水，而随着温度的降低和大气层的形成，小行星输送的水似乎被留在了地球上。接下来，便是几个过程的循环往复：冷却、降雨和持续的小行星撞击，这些撞击令水沸腾，进而产生大量的水蒸气；之后，随着不断的冷却，再次形成降水。

这样的过程周而复始，直到 40 亿年前，海洋才开始出现，而此时，地球才形成 5 亿年。那时，海洋首次占据了地球表面的绝大部分。被水淹没的岩石分解出不同种类的矿物元素，火山喷发释放出来的各种气体和间歇泉带来了热水，就像是按下了地球化学循环的按钮，最终开启了长达 10 亿年的循环过程。在此过程中，海洋的化学成分逐渐稳定下来。

38 亿年前，在陆地还远未形成之前，原始海洋中的岩石向世人证明，此时的生命已开始进化，并获得了光合作用的能力。在格陵兰岛南部，人们发现了伊苏阿（Isua）沉积物。它形成于远古的海底，是现今已知最古老的岩石；这表明，地球上最古老的岩石形成于地球表面，而非内部的地层深处。人们在 35 亿年前的岩石中发现了真正的细菌微化石，其中最古老的一种是西澳大利亚岩层中的顶部燧石（Apex Chert）。这种富含碳元素的深灰色岩石沿着火山附近的海上航道边缘沉积，岩浆喷涌流过海床时将化石封印于此。在这些化石中，人们发现了 11 种丝状微生物，某些的确是科学上的新发现，但另一些则似乎与现存的蓝藻无异。这足以证明，在地球形成初期，海洋环境造就了生命形态的多样性。

直到 39 亿年前，我们的星球还在不断地受太空物质的狂轰滥炸，仅仅是大约 6500 万年前的一次宇宙撞击，就终结了恐龙时代。一些早期出现的生命很可能被轻而易举地毁灭了，因此，地球上或许出现过多种生命的起源。而今地球上所有生命的化学形式几乎相同，且都可溯源到相同的亲本细胞系在地球的演变过程中，生命的形式似乎在某个机缘巧合的时刻被固定了下来。相较之下，一些小行星上也发生过某些生命起源前的进化，但均未诞生生命，由此说明，水是这其中最为关键的一环。

尽管地球生命怎样从无生命状态演化而来依然是科学界的未解之谜，但一个既定事实是，远古海洋在这场原始生命剧中扮演了重要角色。而这场进化的最佳发言人——查尔斯 • 达尔文，在其著名的“温暖的小池塘”假说中指出，当时的水环境与现代地球大不相同，且在生命进化过程中处于中心地位。同时，他还向约瑟夫 • 胡克（Joseph Hooker）阐述了有机分子在什么样的条件下可能产生生命有机体[2]。达尔文的设想与今天科学家们提出的假设十分相似：例如潟湖、湖泊、水坑、地下水以及海水等，当这些富含有机化合物的水暴露在大气中且受到电离作用后，可能产生氨基酸、糖类及其他种类的生命元素。

虽然我们坚信海洋是生命的摇篮，但很可能只是其中的一部分或几部分区域真正完成了孕育生命这一划时代的创造。毫无疑问，深海环境为生命体提供了免受宇宙物质轰炸的安息之所。海床或其附近区域接触到岩石中溶解出的亚铁离子，成为合成有机化合物的重要催化剂。1977 年，随着深海热液喷口的发现，生命的起源又多了一种新的可能：生命在靠近深海的热液喷口处进化而来，这里喷出的热水与气体为生命的进化创造了条件。这些喷口很可能是有机合成的碳源，每一千万年的碳喷涌量，相当于世界海洋中的总含碳量，也就是说，海底热液喷口调节了海洋的化学成分。

在长达 30 多亿年的时间里，地球上的生命以单细胞或细胞聚集体的形式存在，这些细胞形成了覆盖在海床上的微生物垫。后来，一些细菌体进化出光合作用的能力后，地球才获得了氧气。随着大气环境中氧气含量的不断累积，氧气终于进入海洋循环之中，使得多细胞生物最终得以在对它们而言曾一度有毒的“氧气汤”中生存并大量繁殖。尽管还有更早的动物化石，但始于 5.4 亿年前的寒武纪时期的化石显示，该时期疯狂扩散的各种生命形态全部为海洋生物。

在漫长的地质时期，海洋容纳了丰富多样的生命形态，在我们的长篇故事中留下了浓墨重彩的一笔。“寒武纪生命大爆发”恰如其分地展示了该时期生命诞生的恢宏，许多当今有机体种族的最初代表形态就是在这段时期形成的。三叶虫以及早期的节肢动物在这一时期是整个世界的主宰。它们身披铠甲，在温暖的浅海中生活了2.7亿年之久，以捕食者、食腐动物和浮游生物的身份，占据了各种生态位。此外，藻类、无脊椎动物、棘皮动物和软体动物等其他生命形式也出现了，但脊椎动物或陆生动植物阶段还没有到来。与含有多种生命体的海洋相比，邻近的陆地相对贫瘠。淡水中此时也没有生命体存在。

我们之所以对寒武纪了解颇深，主要是因为该时期的生物化石出乎意料地保存到了今天，包括它们坚硬的外壳和柔软的身体。1909年，古生物学家查尔斯•沃尔科特（Charles Walcott）在加拿大落基山脉的伯吉斯页岩（Burgess Shale）中发现了这些化石，并用一个夏天采集了上千个标本。几十年后，科学家们从这些标本中辨认出大量不同种类且不为人熟知的动物群，伯吉斯页岩也因作为研究进化的重要资源而闻名于世。1989年，史蒂芬•杰伊•古尔德（Stephen Jay Gould）在其著作《灿烂的生命》（*Wonderful Life*）中写道，与当今的世界相比，寒武纪时期的生命形式更为多样，并推测其中许多独特的谱系已走向灭绝，因而代表了进化的死胡同。

寒武纪时期丰富壮观的化石，记录了海底世界的永久变化。对浅海食物的争夺促进了生物利用海底的沉积层，来更好地躲避捕食者的追击和寻找食物。最初，覆盖在海床上的微生物垫不仅是掘穴动物的食物来源，还能为其提供保护。由于这些动物沿垂直方向掘穴，在破坏微生物垫的同时，也使海床上部变得更为柔软、湿润。掘穴活动使氧气渗入海床表面之下，从根本上改变了海底环境。而环境的改变，则导致依赖微生物垫生存的有机体灭绝，出现了适应新环境的新物种。只是不幸的是，对于未来的古生物学家们来说，这种戏剧性的环境变化也就意味着之前那种化石的特殊保存状态——如伯吉斯页岩中的化石——也终结了。

后寒武纪时代，生命在稳定的浅海环境中大量繁衍。大约 5 亿年前，第一批脊椎动物出现，它们形似鳗鱼，没有下颚和双鳍，但有原始的脊椎骨、头和尾。它们不会游泳，一生都只能在泥泞的海床上打滚儿，通过滤食摄取微小的食物颗粒维持生命。古生代（从 5.43 亿年前到 2.48 亿年前）时期，至少有两种无颌鱼在该时期完成了进化、分化并最终灭绝。但即便如此，在该时期出现的其他鱼类，我们今天依然能看到它们的身影。海洋中的七腮鱼类和八目鳗类已进化出从寄生到食腐，再到滤食的多种独特生存方式。尽管它们的分类地位仍存在争议，但它们很可能是从古老的无颌鱼品种中衍变而来的。

不同于普通的硬骨鱼类，包括鲨鱼、魟鱼、鳐鱼在内的软骨鱼类，其骨骼由软骨构成，而非骨头，且这些鱼类没有鱼鳔和肺。它们的出现比恐龙早 2 亿年，幸存至今，实为不易。鲨鱼出现于 4 亿年前，并在之后的石炭纪里繁衍生息。此后，海洋环境发生了几次巨变，其中包括一些大灭绝事件，但这些种群得以幸免。现代鲨鱼早在恐龙时代就已游弋海中，但在恐龙消失后依然存活了下来，并成为当今地球上最古老的生物之一。

硬骨鱼在今天的海洋中仍十分常见，其中的一族在古生代晚期冒险登陆，进化成两栖动物。无论是在远古还是现代，两栖动物均与水紧密相连。它们都会经历水生幼虫期，都会寻找湿润的环境产卵，并保持成体皮肤的湿润。爬行动物则产下有硬壳的卵，长出带鳞的干性皮肤，从而有效地保持住身体中的水分，自此掐断了生命与海洋的联系，并进化为鸟类和哺乳动物，向内陆和全球扩散，最终填补了所有类型的生态位。

海底扩张使盘古大陆分裂成独立的大陆板块，并开始向今天的位置漂移。小型的陆块使陆地更多地接触海洋，并在非洲大陆与欧亚大陆之间围出一片海。1893 年，奥地利地质学家爱德华·苏埃斯（Eduard Suess）将这片海洋命名为特提斯海（Tethys Ocean）——取自古希腊海洋之神俄亥阿诺斯（Oceanus）的姐妹及其配偶之名。直到被大陆板块运动摧毁之前，特提斯海共存在了 2.5 亿年。曾经的特提斯海而今以石油矿床的形式存在于中东、西非和南美东部，储量达世界石油总量的 60%~70%。瑞士阿尔卑斯山的岩石曾埋藏在这片消失的海洋的西端，在白垩纪晚期，这片海洋延伸到北非的撒哈拉沙漠以及北美中西部平原的大部分地区。随着特提斯海洋底部向上凸起，海平面不断上升，在达到海平面峰值时，地球上仅有 18% 的面积是陆地。

地球在中生代，也就是爬行动物时代，经历了两次灭绝事件。史上最大规模的物种灭绝发生于 2.52 亿年前，70% 的陆地物种和 90% 以上的海洋物种消失，其中包括最具代表性的远古生物三叶虫。随着新生命形式的扩散，恐龙主宰地球长达 1.35 亿年。世界各地的小学生都知道恐龙时代，但似乎很少有人知道，该地质时期其实还有一个更为准确的叫法，尽管这个名字听起来并不是那么悦耳——牡蛎时代。[3]

那时的海洋食物链与现在一样，依赖浮游植物，这种初级生产者通过光合作用将光能转化为化学能，并为浮游动物提供食物供给。在这一时期，包括球藻、硅藻、有孔虫和放射虫在内的新型微观植物和原生动物陆续出现，这些生物衍生出了外壳或坚硬的表皮，这使我们今天不难见到各种类型的海底沉积物与白垩※。中生代时期，软体动物大量繁殖，特别是蛤蚌、蜗牛，它们钻入

※ 白色疏松土状的石灰岩。（本书脚注均为译者所加，后同。）

海底的沉积层，以躲避海洋中众多的捕食者。牡蛎坚硬的外壳往往无法抵挡螃蟹和龙虾强有力的蟹钳和螯肢，海星的吸力强大到足以将贝壳打开。软体动物已不能有效躲避海床上的捕食者。在海洋爬行动物中，盾齿动物的宽齿可以咬碎牡蛎和帽贝的壳。一些鲨类、魟鱼类，甚至某些其他鱼类，都能轻松击破软体动物的盔甲——这将导致整个双壳腕足类物种消失。

亨利·德·拉·贝切（Henry de la Beche），《远古时代》（*Duria Antiquior*），1830：第一张关于深邃时间的画作。

外海是头足类动物的家园，崎岖不平的海床上方诞生了以乌贼、章鱼和鹦鹉螺为代表的生物群。盘圈带壳的菊石类迅速进化，并在海洋中广泛分布。这些物种大多是“游泳健将”，且已进化出能够刺伤或压碎猎物的下颚，不仅如此，它们还能在不同深度的海底自由活动，这些条件使它们成为强大的捕食者。小的菊石类生物只有 25 美分硬币那么大，但大的直径可达 2 米左右，填补了许多生态位的空白。菊石类的数目极其丰富，这让它们成为极好的标准化石，可以帮助地质学家辨别出化石所属的岩层。同时，菊石类化石的外观也十分夺目，吸引了众多收藏家的目光。

与生活在相同海域的食肉类海洋爬行动物相比，即便是体积最大的菊石类也相形见绌。19 世纪蛇颈龙、鱼龙等大型化石的发现，令世人深深着迷，也激发了一些知名学者和专家开始重新审视海怪是否依然存在的问题。鱼龙极为适应中生代海洋环境，其体态与海豚相似，展现出生物进化的趋同性。它们不仅有发育良好、方便移动的鳍脚，还进化出带牙的长喙，能更好地捕捉鱼类。就像今天的海洋哺乳动物一样，它们也是从陆生物种进化而来。鱼龙大多身长 3~5 米，少数可达 15 米左右。蛇颈龙有着像鲸一样的身体，尾短且鳍呈桨状。在民间传说中为人所熟知的尼斯湖长颈水怪，其动漫形象的原型就是蛇颈龙。体型最小的蛇颈龙长约 2 米，而最大的则堪比今天的抹香鲸，长度可达约 20 米。这种大型的海洋食肉动物以鲨鱼等鱼类，以及鱼龙、恐龙或其他蛇颈龙为食。

1874 年法国插画家爱德华·里奥（Édouard Riou）所作的插画，是民间传说中常见的插图之一，图中一只鱼龙正在与一只蛇颈龙搏斗。

一种早期鲸的骨骼化石，拍摄于鲸谷——一处位于埃及开罗西南部的古生物遗址。

之后，随着最被世人所熟知的恐龙大灭绝，中生代戏剧性地收场了。在这场浩劫中，只有进化成现代鸟类的物种得以幸存。大约在 6600 万年前，一颗小行星撞击地球，在尤卡坦半岛制造了著名的希克苏鲁伯陨石坑（Chicxulub Crater），全球 50% 的物种在很短的地质时期消失殆尽，其中就包括当时主宰海洋的鱼龙和蛇颈龙；此外，小型浮游生物，腕足类、鱼类、陆地植物、所有的菊石类也灭绝了。种类繁多的鸟类和哺乳动物，迅速取代了大型爬行动物，占据了包括海洋在内的所有生态位。新生代是属于人类的地质时代，这一时期见证了陆生哺乳动物向海洋扩散的进化过程。

为何哺乳动物会重返海洋？答案可能是因为食物。海洋哺乳动物首次出现在始新世，这个时期，随着全球气温的升高和海洋初级生产力的提高，所有群体都进化出适应在水中进食的能力。随着始新世的结束和特提斯海的消亡，澳大利亚开始从南极洲向北漂移，南大洋的一部分水域逐渐开放；南美洲最终漂离南极洲，为南大洋打开了全部通路。自此，环极洋流形成。海洋之间的连通将海水充分混合，进一步提高了海洋的生产力。

大约 5000 万年前，海牛和鲸类的祖先开始出现在河流或近海水域附近。4000 万年前，欧亚大陆南部和加勒比海西部的海洋已形成完整的海洋形态。埃及沙漠中一处被联合国教科文组织列为世界自然遗产的遗址，向世人展示了一幅千古奇观：大自然将古老的波涛汹涌的海洋镶嵌在一片沙漠之中。瓦地阿希坦（Wadi Al-Hitan）又名鲸谷，这里保存着上百具海洋哺乳动物的骸骨，它们正处于后肢退化的最后阶段。这些骸骨化石与 4000 万年前至 3900 万年前的鲨鱼、硬骨鱼、鳄鱼和海龟化石，被一同保存了下来，通过这些证据我们不难看出，浅海栖息地曾是生命的繁衍之地。

海洋中孕育的众多生命，既可在普通环境中生存繁衍，也可适应某些极端环境。生命在大海中不平等地进化和存续，并以其独特的方式呼应着生命长歌的另一主题：极端环境下的生存。

从极地到热带，每块大陆上都能找到海洋哺乳动物的化石，尤其在北温带地区最为常见。而今，海洋哺乳动物已零散地分布于全球各个地方。海洋中的营养物质通过上升流到达海面，当风将洋流表面温暖的海水吹离海岸，满载着营养物质、密度较大的海水便会从底部上涌补位，为表面带去营养。上升流通常位于大陆的西部边缘，或紧邻海底山脉和珊瑚礁分布，这些地方吸引了鱼类和哺乳动物等大量海洋生物。像磷虾这样每天垂直移动的浮游生物，夜间在海面捕食，白天深入海水躲避阳光，故而吸引了其他海洋生物到此觅食。

斑块是大陆和海洋的普遍特征。海洋占据了地球表面 71% 或者说是近乎四分之三的部分，这是一个不争的事实。然而，鲜为人知的是，海洋构成了地球上 99% 的可居住空间，这个数字令人惊叹。这意味着，海洋多元环境缔造的潜在栖息地，远远超过地球上的广袤山川、葱郁雨林、无际平原和浩瀚沙漠的总和。但生命在整个海洋中的分布并不均匀。鲸落是指鲸死去后，尸体会下沉至 2000 米左右（约 6560 英尺）的深海。一次鲸落可为局部海底的某些深海生物提供长达数十载的食物资源，在支持深海生态系统方面，发挥着至关重要的作用。许多海洋生物选择聚集在食物供给充足的地方，比如，食物资源丰富的近海浅滩、寒冷富饶的上升流区、南极洲附近充满浮游生物的深海海域、临近珊瑚礁的特殊水域、陆架坡折处、海底山脉附近，以及黑暗幽深的神秘热液喷口处。

1977 年，在海底一块扩张激烈的区域，人们发现了深海热液喷口，令人震惊不已的是，在活跃的喷口附近发现了高度密集的奇特生物群体。水从海底扩张带的裂缝中渗出，遇到热岩石后升温，产生化学反应，进而从通道之中喷出，形成热泉，与海水中溶解的矿物质混合。第一个被发现有生命存在的喷口拥有一个极富诗意的名字：玫瑰花园（Rose Garden），喷口上覆盖着长达 2 米（约 6.5 英尺）的巨型管虫。持续喷涌的热泉，最初吸引来了以细菌垫为生的蟹类，接踵而来的还有管虫、蚌类、蛤蜊、甲壳纲动物、特殊的蠕虫和一些无脊椎动物。这些动物生活在热液喷口附近可达 350℃的超高温水域中，但由于深海水压可以防止热水变成水蒸气，因此，降温作用并不存在。这些食物链底端的微生物，非但不像地球上其他地方的生物那样依赖阳光，甚至可以利用喷口喷出的硫化氢制造单糖。而一些较大的生物，例如管虫和蚌类，则可依靠与之共生的微生物来获取食物。喷口群落的繁殖力可媲美浅水珊瑚礁或盐沼地区，但随着喷口的开启和关闭，群落往往也会相应地出现或消失。

热液喷口的水温梯度令人难以置信，可算众多海洋极端现象中的一种。19 世纪的浪漫主义思想家，总是吟诵着陆上的地球之最，但他们不知道，地球上最大的山脉、最大的火山和最壮观的瀑布，其实都隐匿在大洋深处。马里亚纳海沟（深度约 1.0994 万米）是大海最深的地方，深到足以将珠穆朗玛峰淹没，其长度约为 2550 千米，是科罗拉多大峡谷的 5 倍以上。除此以外，大海之下还有地球上最大的单一地质特征区：洋中脊，全长 7.2 万千米，覆盖了 28% 的海底。

海洋的极端现象，并不仅限于地质方面。有化石显示，曾经横行在远古海洋中的巨齿鲨体长 14~18 米，是有史以来最庞大、最强大的脊椎动物捕食者之一。巨型食肉动物梅氏利维坦鲸是抹香鲸的近亲，体型与巨齿鲨相似。梅氏利维坦鲸上下颚都长有巨大的牙齿，可以将猎物撕裂，甚至能捕食体型比其自身更大的须鲸（体型比如今的座头鲸小）。白垩纪海洋同时也是双壳类生物的家园，这一时期的壳体生物直径可超过 2 米，海龟的体积也是现在的 2 倍。今天的蓝鲸仍是有史以来体型最大的生物，长度可达 30 米。

海洋同时孕育着世界上最古老的海洋生物——深海珊瑚，它们生活在深冷且没有阳光的海洋之中。在夏威夷海岸发现的一个深海珊瑚个体群约有 2700 岁，之前发现的另一个体群寿命已超 4000 岁。格陵兰睡鲨是现已知寿命最长的脊椎动物，每年仅生长 0.5～1 厘米，在 150 岁左右才能达到性成熟，可存活长达 4 个世纪之久。自 19 世纪晚期开始，人们就尝试捕获北极弓头鲸，直到 21 世纪才捕获成功，据当地人讲，弓头鲸差不多能活两代人的生命周期。根据对弓头鲸眼球氨基酸的分析估计，这种鲸的寿命可达 200 年。相较之下，大象的寿命为 70 年左右，而人类只有极少数才可以活到 100 岁。

海洋生物不仅进化到可以在甚至是极端环境的所有生态位中生存，并且发展出可对海洋周期性变化加以利用的行为。例如，浮游生物的垂直迁移，使其能够在白天逃离捕食者的追击，在夜间觅食。水循环和温度的季节性变化，影响着食物资源的分布，而海洋生物顺应了这一变化。例如，北太平洋的座头鲸在阿拉斯加附近寒冷肥沃的北部觅食，却在夏威夷附近的温暖水域繁殖。而属不同种群的南半球座头鲸，则在南极觅食地和热带海洋之间迁徙，但它们从来不与北方同类为伴，因为南北半球的季节刚好相反。既要寻找充足的食物，又要保护幼鲸，这双重使命让座头鲸在进化中学会了迁徙。世界上另一个漫长的鲸迁徙（很可能是最长距离的迁徙）则是灰鲸的迁徙，它们从东太平洋的白令海峡、楚科奇海和鄂霍次克海出发，南徙至墨西哥湾附近的巴哈临海潟湖和加利福尼亚海岸，总旅程可达 1.6 万～2.35 万千米。

金珊瑚（*Gerardia*）

黑珊瑚（*Leiopathes*），这一标本已有 4000 年历史。

其他物种的漫长迁徙也与其繁殖相关，例如鲑鱼、海龟和鳗鱼。海龟必须找到适宜的海滩筑巢产卵；为了产卵，绿海龟需要在巴西海岸至阿森松岛（Ascension Island）之间迁徙，而这一过程有时需要游行 3200 千米左右（约 2000 英里）。人们曾在距离棱皮龟筑巢海滩 4000 千米（约 2500 英里）远的地方发现过它们的踪迹，它们到此可能是为了捕食水母。欧洲鳗迁徙的谜题直到 20 世纪早期才被解开，人们一直很困惑，它的幼鳗期在淡水河流中度过，成年后便会离开河流游往大海，那它们的产卵地又在何处呢？丹麦海洋生物学家约翰内斯 • 施密特（Johannes Schmidt）在 1904 年至 1922 年进行了一系列探险活动，他远赴重洋，找寻到处于更为早期的幼鳗，同时也拼凑出欧洲鳗的发育轨迹：幼鳗沿着墨西哥湾流到达欧洲海岸生长 1~3 年，直至身体呈透明形态，而后进入内陆水域继续成长 10 年或更长的时间，待其发育成熟后，成体会穿越 6000 千米（约 3700 英里）的深海领域，回到它们的出生地马尾藻海产卵。

野生鲑鱼的生命之旅同欧洲鳗鱼如出一辙。幼体在大西洋与太平洋附近的河流中生长 1~3 年，而后游向海洋继续觅食成长，直至成熟后返回出生的河流产卵。二战以前，人们对海洋生物的迁徙知之甚少，战后各国对资源的争夺触发了人类对深海的研究，此类研究促使渔业发展有了明确的目标，进而使渔业资源被更加充分地利用。

当然，并非只有海洋动物长途迁徙。黑脉金斑蝶、加拿大鹅和北美驯鹿等陆生动物也会如此，目前已知迁徙距离最长的陆生动物是北极燕鸥，会从北极地区迁徙到南极洲，总里程 3.5 万千米（2.175 万英里）。原始人类是按季节迁徙的物种之一，为了获取食物和其他资源，他们分散在世界各地，在各种新环境中定居生存。人类祖先进化的环境，既有陆地也有海洋。人类沿海、绕海和跨海的活动，构成了人类与海洋的漫长故事的开篇。人类利用海洋获取所需的食物和其他资源并实现运输。

长期以来，考古学家认为，在人类进化的大部分时间里，智人及其祖先大多在陆地上生活。直到最近不少学者还坚持认为，密集的航海活动和渔业社会大约只在一万年前才开始出现，还不到我们这个物种在地球上总生存时间的1%。考古学和历史生态学的新研究成果让人类深刻地意识到我们有多么依赖海洋。考古学家和学者不断发现的更早证据，向我们表明了人类是如何在深水和沿海地区中航行，又是如何依赖海洋资源生存和发展的。

人类依赖海洋迁徙的时间，与先前学者的观点相比，还要早上许多。在印度尼西亚爪哇岛东部的佛罗勒斯岛（Flores）上，人们找到了令人信服的证据。大约在100万年前，也就是我们所知的早更新世，原始人类的一个族群来到这里。然而，直到10万年前至5万年前，智人才开始在这里定居。据目前在佛罗勒斯岛发现的化石显示，这种原始人类的身形和颅骨大小与南方古猿相似（仅在非洲发现的早期人类）。考古学家依据此类化石，发表了一个新的人属，即佛罗勒斯人（*Homo florisiensis*）。

专家们并不确定佛罗勒斯岛的移民是否为直立人，这可能是低热量环境所导致的选择进化，也可能是因为其他原因，该人种的体型和脑容量均比较小，但无论如何，都颠覆了我们对史前情况的认知。考古学家不禁想到，我们与其他原始人类在地球上一同生活的时间远比我们认为的要长，包括农耕文明初期，到尼安德特人（Neanderthals）灭绝很久之后，而这一发现也同样开启了海洋史的新篇章。

即使那个时候海平面较低，前往佛罗勒斯岛仍要跨越20~30千米的深水屏障，这大大超出了大多数陆生动物的迁徙能力。事实上，若是没有人类的参与，佛罗勒斯岛上只有啮齿类动物和剑齿象。啮齿类动物可能是借助天然木筏或是其他漂浮物来到这里，而剑齿象是大象的祖先，可以通过游泳到达佛罗勒斯岛。原始人的踪迹在这座难以抵达的孤岛上出现，间接地向世人证明，最古老的人类通过海上航行已可以到达世界的任何地方。而在此之前，学者普遍认为，出现在更新世晚期的现代人是最早拥有海上航行所需的组织能力和语言能力的人类。一些考古学家坚持认为，早期的跨海行动具有偶发性，但越来越多的证据表明，更新世的海上航行是当时的人类有意为之。佛罗勒斯岛上的发现同时还证明，人类走出非洲的时间比先前专家推断的要提前很多。

事实上，物种向佛罗勒斯岛的跨越，构成了地球上最明显的生物地理分化标志线：华莱士线（Wallace Line）——因 19 世纪英国博物学家和探险家艾尔弗雷德•罗素•华莱士（Alfred Russel Wallace）得名，以表彰他对自然选择进化论的贡献。在游经印度尼西亚时，他注意到，群岛西北部和东南部的生物特点有着明显不同。在欧亚大陆侧的苏门答腊岛和爪哇岛等地，并无哺乳动物的踪迹；而在澳大利亚一侧，则出现了许多奇特的哺乳动物，如有袋动物或巨型蜥蜴（如科莫多龙）等。自 2.1 万年前的末次冰期将欧亚大陆和澳大利亚分隔开始，为何相同气候和地形区有着如此巨大的生物差异，一直是个不解之谜，直到华莱士意识到，造成这种自然差异的屏障可能是海洋而非陆地，这个谜团才被解开。而今，在印度尼西亚研究珊瑚礁的科学家发现的一些证据可以证明，海洋物种的分布同样也受到了华莱士线的影响。

龙目岛和巴厘岛相距 193 千米（120 英里），两岛之间有一条极深的海洋带，由于陆地板块运动和海平面周期性下降形成了一条通道，使动物能在许多现已是岛屿或分离的陆地板块间来回迁徙。然而，除了人类与老鼠，鲜有陆生哺乳动物越过华莱士线，直到原始人类有意识地运输狗、猪、猕猴和其他动物到此，这种状态才开始发生改变。在此之前，即使是水性良好的陆生动物，例如猪、河马和鹿，也未曾独立穿越这条分界线。

佛罗勒斯岛和华莱士线附近的证据表明，更新世的航海活动至少在 100 万年前就已经开始，且证据确凿。在西伯利亚蒙古北部的一个山洞里，人们发现了一根小女孩的指骨，从而引发了一系列的基因研究，这些研究可能将她的族人与海洋联系起来。科学家根据骨骼中的 DNA，确定了一个此前不为人知的原始人类群体：丹尼索瓦人（Denisovians），这是首个基于遗传学而非解剖学的发现。丹尼索瓦人与尼安德特人更接近，与现代人则要远一些，大约在 100 万年前到 40 万年前的某个时间点，丹尼索瓦人才成为一个独立的群体。通过与澳大利亚、新几内亚及周边地区的土著居民进行基因对比，科学家发现了他们与现代人类杂交的证据。令人出乎意料的是，神秘的小女孩似乎与西伯利亚洞穴附近的人种无关，这个洞穴里的化石标本，竟是她的种族在地球上存在过的唯一证据。这样的分布不禁引发了学者们的思考：究竟是丹尼索瓦人自己越过了华莱士线，还是佛罗勒斯人原本就是丹尼索瓦人？

早在智人之前的原始人类已开始海洋之旅，且可能已实现跨海的重大飞跃。毫无疑问，我们人类一定完成过海洋旅行。人类学家曾进一步推断，海洋之行的首站大约是印度洋沿岸。遗传学证据表明，人类跨海到达美拉尼西亚和澳大利亚地区的时间，要早于到达中欧或是亚洲内陆的时间。但由于证据不足，主流考古学在探索早期人类的水上迁徙方面进展缓慢。值得注意的是，今天的海平面比 1.8 万年前高出 90 多米（约 300 英尺）。地球一旦进入冰河时代——包括 5 万年前最近的那次冰河世纪，大自然会将海水冰封，创造出可供居住的陆地，而今这些本可为我们提供线索的陆地已被淹没。我们大多数的史前知识都来自内陆遗址，因为当时并不具有研究水下人类栖息地的能力。如今这些陆地已深藏大海，随着考古技术与知识的不断发展，大洋探索迫在眉睫。

不过，由于人们存在重陆地、轻海洋的偏见，加之时间与开销等成本代价，令这一新兴领域仍待拓展。

人们在这些曾经傍海之地的偶然发现，为其指明了研究古代人类栖息地的新方向，例如峭壁洞穴。其中一个实例是位于南非莫塞尔湾（Mossel Bay）附近的高海拔洞穴：尖峰点洞穴（Pinnacle Point）。有证据显示，在 16.4 万年前这一关键时期，洞中的人类曾以贝类为食，可能是由于冰川期造成的恶劣环境，迫使他们只能依靠海洋食物资源生存。

长期以来，考古学家坚信，早期人类在较晚些时候才开始以海洋生物为食，但目前的证据表明，这一时间点要提前很多，且在人类生存的紧要关头，海洋食物意义重大。众所周知，智人大概出现在 20 万年前的非洲。自那时起直至 12.5 万年前的冰河世纪，带来了寒冷干燥的环境，导致陆上食物资源锐减，早期人类不得不寻找或转而依赖新的食物来源。尖峰点洞穴的发现表明，一小部分现代人可能已定居海岸附近，并将饮食选择扩展到贝类。有来自南非的考古证据证明，早期人类主要以水生贝类动物为食。人类的这种饮食习惯与其当时的象征性行为和技术发展共同表明，这些早期人类已经具备现代人类行为的主要特征。遗址发现的时间和地点与人类进化史上的瓶颈期刚好对应，由此我们猜测，尖峰点洞穴人可能是所有现代人类的祖先。

然而，人类的演进并非都是进化瓶颈带来的戏剧性结果。最新的学术研究表明，凡是水产资源丰富且相对容易获得的地方，我们的祖先很可能会一直在那里生存，而这一时间可能比尖峰点时期还要早。在旧石器时代中期（20 万年前至 4 万年前），尼安德特人的食物主要以软体动物为主，同时还有海豹、海豚和鱼类等其他海洋生物。多个遗址的证据显示，人类对此类食物资源的获取既有规律又可持续，因此，人类前往沿海或河口地区的行为，也具有目的性。大约一万年前，农耕文明才开始出现，相比较而言已晚了许多。在人类历史长河的大部分时间里，食物的获得主要依靠觅食和狩猎，来源则是陆生和海洋两个渠道。

追溯更远的历史，大约在200万年以前，早在直立人之前的原始人类时期，人类就已开始食用水生食物。肯尼亚北部的考古调查发现的一系列证据表明，东非大裂谷沿途的湿地、河流和湖泊地区，曾有屠杀海龟、鳄鱼和鱼类的情况。该地区不同于史前的大草原或是森林，全年食物充足且易于获取。人类选择食用水生食物是因其丰富的营养成分，特别是脂肪酸（人类大脑发育必要的营养物质），因此，人类的进化可能是从原始人类开始吃鱼和同类食物开始的。

几十年来，人类进化过程中水生阶段的理论一直受到强烈的质疑。然而近几年，该理论得到了认真谨慎的重新思考。“水猿”假说的提出，要归功于备受尊敬的海洋科学家阿利斯特·哈迪（Alister C. Hardy）。1960年，即在他封爵后的第三年，哈迪向世人公布了他隐藏数十年的想法。他的理论基于以下观察：猿在除涉水（或携带水果或棍棒）的情况下，可直立行走；人类的毛发相对稀少，并拥有大量的皮下脂肪，这些都是半水生生物特征的痕迹——早期的人类生活在湿地和沼泽地区，以躲避捕食者的追击，并潜入浅滩获取食物。20世纪70年代，女权主义作家伊莱恩·摩根（Elaine Morgan）对男性狩猎推动人类进化的理论，提出了质疑。同时，她将“水猿假说”视为替代理论，阐述了女性的采集活动对维持生计并推动人类进化的重大意义。

无论原始人类的发展过程中是否真的存在水生阶段，人类利用海洋进行迁徙和获取食物，都是一个不争的事实，而这也反映出，我们没有将史前史与海洋融为一体。靠海居住可以同时利用内陆与沿海资源，而二者的结合则可使一个群体全年资源充足。易于采集的贝类使妇孺老少均可为群体的生计做出稳定的贡献。有了充足的食物，人类就有时间和机会制造工具和工艺品、建造公共建筑，或尝试种植植物。而获取水资源，则促进了人类与其他群体之间的交流和贸易，最终刺激人类向沿海和全球范围扩散。实际上，许多关于远古人类与海洋之间的故事没有被记录下来。

本章记载了人类向北美和南美迁徙的历史，随着考古学家研究的深入，这个古老而熟悉的故事正在被不断改写。究竟第一批智人是通过怎样的艰苦跋涉才踏上美洲大陆的？他们是在冰川消融后不久，跨过白令海峡的大陆桥，穿过一条长长的“无冰走廊”到达北美洲，甚至继续向南迁移吗？又或是他们将财物放在船上，沿着海岸迁徙，在海岛的岸边或是宜居的海滩上随心停留的吗？在海平面较低的冰川时期，广阔的沿海地区成为人类探索和扩散的天然公路，人类就在完全没有地理屏障的海平面上活动。200千米（124 英里）宽的海岸环境，提供了多种多样的陆地和海洋食物资源，相对平坦的地形和十分便利的海滩通道，使船只可以加速前行。

传统理论认为，白令海峡的大陆桥和无冰走廊是北美人口迁徙的关键，然而这一观点正受到冲击。越来越多的证据表明，早期人类的居住点只能通过海路到达。长期以来，人们一直认为，最早在美洲定居的是来自西伯利亚和贝林吉亚的大型动物狩猎者，大约在 1.3 万年前，他们随着劳伦泰德冰盖（Laurentide Ice Sheet）的消融跨过了无冰走廊。考古学家发现了许多以克洛维斯人所使用的工具为特征的人类遗址，并以其首次被发现的地点——新墨西哥州的克洛维斯（Clovis）为其命名。除此之外，还有更多的证据表明，这些工具的使用者与大型猎物的消失密切相关。尽管人们已然接受了“克洛维斯第一”※理论，但一些可能来自更为古老的人类栖息地的新发现，又为我们带来了新问题。

智利蒙特韦德（Monte Verde）位于贝林吉亚以南数千千米处。考古学家在那里发现了距今 1.5 万年前至 1.4 万年前的手工制品。这虽与无冰走廊首次开放的时间相吻合，但在生物学方面，仍需要几千年（1.3 万年前至 1.2 万年前）的时间才有可能实现。这些手工制品并不像克洛维斯式的工具，况且，人们也没有足够的时间迁移 1.6 万千米（约 1 万英里）来此定居。其他遗址的发现则要早于克洛维斯文明，同时也早于通往美洲陆地通道的开放时间。这其中包括一处位于俄勒冈州的佩斯利五英里角（Paisley Five Mile Point）的人类遗址，在那里，科学家在干燥的人类粪便中发现了 1.44 万年前的植物种子。这里的人类对植物性食物的依赖程度也与过着狩猎生活的克洛维斯模式不同。另有一处遗址位于得克萨斯州的巴特米尔克小溪（Buttermilk Creek）附近，距今约有 1.5 万年的历史，此处出土的文物很可能是克洛维斯文化的前身，表明克洛维斯文化起源于美洲，而非亚洲。

加利福尼亚海峡群岛（Channel Islands）几处考古遗址的发现，撼动了陆桥理论，并为海洋移民学说提供了证据。在 1.3 万年前到 1.1 万年前之间，人类从北美大陆出发，需要航行 9~10 千米方可到达海峡群岛。从几处遗迹中不难看出，航海民族早已开始在圣罗莎岛（Santa Rosa Island）和圣米格尔岛（San Miguel Island）上生活，而这两个岛屿很有可能在 1.3 万年前甚至更早的时间就有人类居住。值得注意的是，在这些地点并没有发现克洛维斯式的手工制品，却发现了似乎处在佩斯利洞穴文明早期阶

※ 20 世纪后半叶流行的“克洛维斯第一”理论认为，克洛维斯人是第一批到达美洲的居民，其主要依据是没有发现在克洛维斯文化之前其他人群在美洲广泛活动的有力证据。

段的防御工事。这些人必须有足够强大的承载工具，才能从大陆漂洋过海来到这里。就像斯科特·奥台尔（Scott O'Dell）在他的小说《蓝海豚岛》（*Island of the Blue Dolphins*，1960）中描绘的那样，在加利福尼亚海峡群岛北部的海豚岛上，世世代代的印第安人已在此生活了一万多年，直到1820年才被迫迁往大陆。数千年来，居住于此地的人类已对海洋食物产生了严重依赖。

北太平洋沿岸的海藻森林，是地球上最多产的地区之一。在更新世末期，海藻森林可以从日本延伸到贝林吉亚和南北美西海岸的大部分地区。这些海上立体栖息地，孕育了纷繁复杂的海洋生物种群，如贝类、海草、鱼类、海洋哺乳动物和海鸟。大约在1.6万年前，当时的海平面比现在低90～120米，因而留下了大片平坦的沿海土地，这为物种迁徙提供了一条畅通无阻的路线，尽管这些土地如今已被淹没。考古学家将这条路称为“海藻高速公路”，以对应大陆桥。这条通路可为海上狩猎采集者提供充足的食物和其他物质资源，使其能沿着海岸快速移动。

沿海觅食者可以轻而易举地获取海洋和内陆边缘地带各种生态系统的动植物资源，例如沼泽、河口、河流、沿海森林、沙滩或礁石海岸。这些丰富的食物资源包括海藻、退潮时裸露出来的贝类、在陆地上很容易遭到攻击的海豹和其他海洋哺乳动物、偶尔搁浅的鲸、海洋鱼类、鲑鱼和其他洄游产卵的鱼类、迁徙的鸟类，还有一系列的陆生动植物。起初，沿海移民可能不会轻易利用海岸资源，但他们将某个特定地点的资源消耗殆尽之后，就会继续向前寻觅，很少在一处长期定居。然而，由于贝类和其他沿海资源能够稳定获取，似乎鼓励着人类选择在某处定居。

从那时起直至大约7000年前，这段时间海平面快速上升，使那些曾经可以居住的沿海地区沉入水下。众所周知，农业大约在一万年前发展起来。长期以来，人类对文明之路的假设，一直是从狩猎采集开始，之后延续到农业，而这一假说却愈发显得不成熟。我们对农业和文明发展的理解，来自对内陆遗址的考古研究，但新的研究表明，沿海环境在支持大型人类栖息地中发挥着重要作用，并促进了复杂的社会形式与人类文明的交融。充足的食物资源促进了人们在海边建立永久性沿海定居地，人口得以增长，居民也有一定时间来生产工艺品，建造公共场所甚至纪念性建筑，并且尝试狩猎、园艺等活动，主动管理资源。我们可以推测，在末次盛冰期后，海平面上升驱使着沿海人类走向内陆，自此促进了陆地生命的繁衍。然而有充分证据表明，人类与海洋的故事，不仅是一个漫长的故事，且人与大海之间的联系是故事发展的关键所在。

几千年来，人类因众多不同的原因利用海洋，但终究归于食物与运输需求。海洋的潮汐、水流、风暴、可利用资源和海平面升降等特征，深刻地影响了人类从史前到现在的发展，但这种影响其实是相互的。如果人类不承认自己充当了自然界的一部分，成为海洋变化的推动者之一，那么，人类与海洋的长篇故事就不会完整。

人类对海洋物种造成的巨大侵害行为，即使没有数千年之久，也至少从数百年前就开始了。加勒比海龟的数量现在仅有数万只，而在几个世纪前，这个数字还以千万计。追溯回 7000 年前，加勒比岛屿上的人们以大型鱼类和海龟等顶级捕食者为目标，造成了当地海洋环境的局部性毁灭。如今，缅因州的沿海居民似乎也存在过度捕捞鳕鱼的现象，当鳕鱼捕获量下降时，他们就会转而捕捞比目鱼和其他鱼类。通过对丘马什岛（Island Chumash）上遗址的分析，我们可以得出这样的结论，在 7500 年前至 3000 年前的时间里，岛上居民食用了大量的大型红鲍鱼，可能是因为岛民对海獭的捕杀，使鲍鱼失去了主要的捕食者，从而数量大大增加。最近，生态学家、历史学家和考古学家通过合作研究得出结论，在很久以前，人类就有意识地控制捕捞鱼类的大小，从而影响海洋哺乳动物生存的地理范围，甚至改变了当地的海洋生态。

虽然人类与海洋还存在着文化方面的联系，本书的其余部分也对此进行了探讨，但这种联系深深地植根于物质和生态层面的相互作用之中。人是自然的一部分，与不断变化的海洋有着千丝万缕的联系。人类活动又反过来影响了海洋数千年。深刻理解这段历史可以清楚地认识到，人类与海洋的关系从一开始便相依相随、不可分割。只要人类居住在海洋附近，海洋就会慷慨地为其提供食物和运输资源，哪怕历经沧海桑田。现代人已进化到可以食用海洋食物，并在海岸附近生活。随着人类在地球上不断迁移，受不同政治、经济和文化因素影响，人们对海洋的理解也产生了差异，甚至大相径庭，对海洋的利用也就截然不同了。

| 第二章 |

海之遐想

你无法丈量海的宽广

除非脑海中充满了幻想

你无法探索那片深海汪洋

除非将最疯狂的梦想投入翻涌的海浪

——暹罗（泰国）之行游记

波斯旅人，写于17世纪[1]

从史前时期开始，那些生活及习性与海洋密不可分的族群，就与海洋在时间和空间上存在着全方位的联系。许多沿海及岛屿文明凭借对海洋的稔熟，不断加强与海洋的联系，并从大海中汲取生活和非生活资源。人类远航大洋洲、海人潜水和鸬鹚捕鱼等故事，就是最好的例证。腓尼基人和维京人很早就有目的地对海洋进行管理，并形成了与海洋紧密相连的文化特征。印度洋沿岸的陆地国家则依靠航海和海上贸易，为其陆上帝国保驾护航。15世纪上半叶，中国的大明王朝为与周边国家建立朝贡关系，组织了多次大气磅礴的航海行动，凭借海军实力宣示了明朝强盛的国力。尽管中国的航海事业风生水起，但仍是在人类已知的地理范围之内活动。在整个15世纪，人员、商品和各种思想流动得更加容易，也更加广泛。不过，在人们的认识和体验方面，大洋和大海都还是彼此独立存在的，或仅仅与其临海连为一体，并未被看作全球海洋系统中相互连接的各个部分。世界上不同文明各自发展出了与海洋的独特关系，而这种关系反映了他们所能获得的海洋资源、所处的地理环境带来的挑战与机遇，还有与其历史、精神信仰和集体经验相关联的各种近似无形的文化元素。

多数人类历史都是从有文字记载开始的。人类与海洋之间的联系，可以追溯到早期进化阶段，这使考古学与民间传说必将成为研究海洋史的重要参考。史前时期的人类和其他历史时期的人们一样，都认为海洋是陆地的延伸，从而忽略了海洋在人类文明中所起的作用。在上一个冰河期结束后，洪水淹没了各地的海岸，沿岸居住地也随之沉入大海，从而导致这部分文明淡出了人们的视线，并被逐渐遗忘。历史学家菲利普·费尔南多–阿梅斯托（Felipe Fernández-Armesto）提出，广义的“文明”是指对自然界进行系统性再改造后的社会形态。基于这一观点，应将沿海居住地与河岸、内陆和沙漠归为一列，将这些地区都看成是农业、城市、文字或其他传统文明诞生的摇篮。

第一艘船是怎样载着人类甚至是更早的原始人前往他们的迁徙地的，我们无从考证。同样，我们对古老的海洋文明也知之甚少。不过，这种文明并非完全不可知。通过对以往人类如何利用海洋进行分析，我们可以了解到他们对自身与海洋之间关系的想象。人们对海洋的了解来源于生活实践，比如海上远航、渔民的海上捕捞，以及当时拥有的造船能力和航行技术。对海洋的利用促进了沿海地区居民之间和不同海域之间的联系，使人员、货物和思想的交流超出了沿海的范畴，广泛深入到内陆地区。

古老的海岸线成为人们通往世界各地的纽带，促进了沿海定居地的形成，让人们能够同时享受陆地和海洋资源。虽因地理环境、突发事件、历史经验或其他因素的影响，这些群落和文明各具特色，但也有一个共通点——都与海洋相连。沿海族群会消耗大量的海产品，包括鳍鱼类、贝类和海洋哺乳类动物，在定居点附近发现的海洋生物遗骸和贝冢，就可以对这一观点提供佐证。在北欧、非洲、秘鲁和大洋洲等地，人们发现了同类型的绳结，这表明，一些被视为人类历史的边缘地区，曾诞生出许多独立创造的文明。

从沿海文明的神话传说中我们不难看出，人与大海之间的联系由来已久，且意义重大。河岸地区和沙漠绿洲的文明总是比沿海文明更能吸引民俗学家的注意，但许多最古老的神话传说都与海洋密切相关。有关海洋起源的故事，不仅在印度、美索不达米亚和古埃及文明中被提及，在玛雅、希伯来和基督教文化中也有体现。许多美洲土著人相信，人类世界就是在原始海洋中孕育而成的，赤道以北远至西伯利亚地区的其他文明也持有相同的看法。我们对远古时期的了解，很大程度上依赖于内陆文明或大河文明的文化实例。但在上一个冰河时期结束后，原本生活在沿海的狩猎族群迁徙到了世界各地，使海洋成为其神话起源的一部分。

神话故事通常与海洋知识紧密相连。加拿大西北部沿海地区曾流传人们乘坐独木舟躲避海上滔天巨浪的传说。2004 年，印度洋海啸来临之前，生活在泰国的莫肯人※搬到高地上，从而避免了海啸带来的巨大伤亡，这就是古代海洋知识的现代应用实例。《荷马史诗》中曾写道，奥德修斯（Odysseus）在返乡途中遇到了“斯库拉”（Scylla）和“卡律布狄斯”（Charybdis），这两个神话形象代表了六头巨怪和大漩涡，由此同样能反映出人们对大海的了解程度。这段史诗实际上描述的是危机四伏的墨西拿海峡（Strait of Messina），由于峡口过于狭窄，加之有礁石滩和自然漩涡，水流湍急，航行困难，因而被水手们戏称为“无情之地”。

大约在一万年前，人类开始沿北大西洋海岸扩散。一直以来，欧洲是世界上海岸线与内陆面积之比最大的地区。大西洋沿岸地区和岛屿的物种多样性，远远超过长久有人居住的地中海沿岸。欧洲与不列颠群岛之间曾有一片被称为多格兰（Doggerland）的富饶乐土，这里曾经丛林密布、碧草连天，直到 8500 年前海平面上升，将这里的一切淹没。尽管欧洲许多半岛和宽阔的海岸已经萎缩，大西洋沿岸的文明依然享受着大海的馈赠，他们与作为

※ 莫肯人是海上部落中人口最多的一支，大多数生活在泰国的苏林岛上，擅长潜水，水下视力好。

自然力量的海洋长期搏斗，最终利用大海实现了航行和运输。

共同的海上活动促进了社会关系的形成，最初的仪式性交换礼物逐渐演变为商业贸易行为。从斯堪的纳维亚半岛到布列塔尼半岛，再到伊比利亚半岛，在广袤的大西洋沿岸分布着许多巨石阵，那是古老的先民为其祖先在岛屿或海岸上建造的公墓，而巨石墓葬的建造离不开与航海有关的天文知识。有时，他们也会选择在贝冢中埋葬祖先。正如考古学家巴里•坎利夫（Barry Cunliffe）所言，数千年来，生活在欧洲大西洋沿岸的人们有着共同的信仰、生活方式和价值追求，“其原因就在于，他们均生活在面朝大西洋的欧洲大陆边缘，并在这块独特的栖息地上繁衍生息”。[2]

入海口代表着启程与到达，既让人心生畏惧又令人满怀期待，向来被视为一个神秘又超自然的所在。长久以来，每当即将越过这一临界点从陆地进入大海之时，人们就会举行告慰神灵的仪式，以求平安顺遂。众所周知，北大西洋沿岸及周边沿海地区的陆地早已沉入大海。曾在这里生活的沿海族群坚信，溺水之人的性命属于海洋，别人不应对其施救，否则大海会将施救者的生命一同据为己有。

对大西洋沿岸、南美沿岸、北太平洋沿岸及其他地方一些具有代表性的考古遗址研究表明，沿海社会依赖海陆资源繁衍了大量人口，并促进了文化发展。在这些沿海文明中，捕鱼业和海上贸易的兴起始于近海航行，而非远洋航行，这使一部分人获得了相关的专业知识，形成了一个固定阶级或社会群体，专门发展族群的航海事业，开展海上贸易和提升海战能力。“海洋租赁”的概念引发了临海国家与其邻国的冲突，但对海洋资源的密集型利用也促进了内陆与沿海族群之间的贸易交流，从而让内陆地区可以获取他们自身难以得到的鱼类、贝壳和其他丰富的海洋产品。

充足的食物和其他资源的获得，促使一些沿海地区开始出现永久性居民，渐渐地，这些居民将海岸与海洋视为其领土的一部分。总之，海洋一直是文明发展的中心。尽管洋盆周围甚至世界各地的古代沿海族群存在着许多共同之处，但不同地区的文明与海洋之间的关系也各具特色。

人类第一个跨越的洋盆位于印度洋，这里的沿海社会并未将深海领域划归其势力范围。海洋作为贸易运输的媒介而存在，临海国家更倾向于对外传播文化或开展贸易交流，并未将海洋视为其领土的一部分而投射政治力量。这种对海洋文明的理解，是在印度洋季风洋流以及当地沿海贸易的双重影响下产生的。随着时间推移，这些贸易网络遍布整个印度洋地区。大约在12.5万年前，智人陆续抵达一系列海岸地区，随着海平面的上升，产生了印度洋海盆，生活在这里的人们使用常见的材料建造小船，例如独木舟、筏子或树皮船、简易木船，或是在沼泽地区使用的芦苇船，实现了在沿海地区或交叉的封闭水域捕鱼和航行。沿印度洋北缘的航行，最初可追溯至公元前7000年左右，这些航海活动的序幕由渔民捕鱼开启，并不是中央集权或是陆地政权干预的结果。

自然资源和手工制品的不均衡分配，促进了商业贸易的发展，由最初的短距离交易，扩展到大范围海上贸易，交易内容涵盖非洲的木材和象牙、印度的棉织品、东南亚的香料和中国的丝绸。美索不达米亚的集权国家建立起贸易网络，用剩余农产品换取波斯湾西部地区的木材和石料，但大多数贸易的规模依然较小，且几千年来都是由沿海渔业群体掌控。大约在公元前5000年，长途贸易将埃及、阿拉伯地区和印度西海岸连通起来。此类贸易活动仅涉及沿海族群，内陆族群与刚刚兴起的印度洋大世界联系得并不紧密。

在印度教神话中，生命起源于海洋或原始水域，但当毗湿奴※入海之后，动荡接踵而至。文化地理学家菲利普·斯坦伯格（Philip Steinberg）认为，这种观念引发了人们对海洋的恐惧，但也激发了海员们的创新能力，促使他们快速通过海洋。根据希腊地理学家普林尼（Pliny）的说法，一些印度航海家会带着鸟类出海，若在海上遭遇狂风乱流导致他们偏离航线，他们便放出这些鸟，为航船指引归途。或许是因为这些原因，水手们开始了第一次远离陆地水域的探索，最终学会了横跨海洋。

印度洋的特点促进了公海航行的发展，进而使大型船只的出现成为可能。在西印度洋水域，主要的航行工具是一种被称为龙骨船的单桅帆船，其建造方法是用绳子将并列排放的木板连接，然后用沥青做好防水，龙骨船成了该地区海上贸易的生力军。而晴朗的热带天空则为观察星象提供了天然的便利条件。公元前1000年左右，季风的秘密终于被解开，每年11月至次年1月，干燥的东北季风驱动着航船，从阿拉伯和印度西部来到非洲。而4月到8月间西南季风盛行，同时伴随着大量降水，这时的航船可随着季风踏上归途。表层流补充了季风，加剧了东北季风的影响，让船只能够以更快的速度由北向南行驶，而风向逆转时则正好相反。这种周而复始的物理特征，形成了季节性的贸易活动，避免了商业贸易过度集中。而在6月和7月，强劲的季风会阻碍船只航行。季风的影响刺激了印度洋东部和西部的季节性贸易，但一年之中会有数月停运，航船数量不会明显增加。

受季风影响，船舶进入强行闲置期，水手、商人和旅行者纷纷离开封闭、隔离的船舶世界，踏上陆地，这个男性化的社会促

※ 印度教三相神之一。梵天主管“创造”，湿婆主掌“毁灭”，而毗湿奴是“维护”之神。

进了大型国际化港口城市的形成与发展。水手们一般都会遵守他们本国社会的法律和习俗。在这些港口城市，来自五湖四海的人们在航船停运期间聚居在一起生活。东道国会给这些侨民很大程度的自治权，使他们掌控了贸易交流。港口城市的发展促进了人类文明的交流与融合，传播了新宗教——先是佛教、耆那教、印度教，最后是伊斯兰教。

黑死病很容易在人员高度集中的地区蔓延，公元 6 世纪，黑死病沉重打击了印度洋的商业贸易。随着伊斯兰教的兴起与传播，以及同时期中国隋朝（公元 581—618 年）和唐朝（公元 618—907 年）的建立，这里的贸易活动才逐渐复苏。伊斯兰教的外传客观上扩大了阿拉伯语的使用范围，同时也衍生出一系列被广泛认可的法律，使海上贸易从中获益。与此同时，中国稳固的政权创造出稳定的社会环境，催生出了中国国内对奢侈品的需求，进一步促进了海上丝绸之路周边地区之间的经济交流。

尽管这一时期人员、商品、思想甚至传染病在整个印度洋地区循环流通，但人们对水域的理解依然仅限于局部和区域范畴，从未将海洋视为一个整体。只有印度附近的水域被称为“印度洋”。印度洋西面的水域是“厄立特里亚海”，起初仅指如今的红海部分，之后其范围扩大到包括现西北印度洋在内的大片海域。一份名为《厄立特里亚海的边缘》（*Periplus of the Erythraen Sea*）的航海指南手稿，记载了 2000 年前印度洋的贸易体系，以及罗马帝国进入这个贸易世界的过程。罗马名称“Mare prosodum”，即“绿海”，指的是位于现在与斯里兰卡同纬度的印度洋中部海域。

随着伊斯兰教的兴起和传播，阿拉伯人对印度洋的认识不断加深，在土著居民解开季风之谜的基础上，阿拉伯人又系统地收集和记录了许多印度洋方面的知识。航海图上精心绘制了海岸线的特点，为近海航行标注了重要的地标信息。但在那时，辽阔的远洋海域并不是按实际比例绘制，而是作为一个抽象的空间，简单地标注在陆地诸景象之中。当船只行驶到公海时，阿拉伯航海家们便会依靠星象知识判断方向，例如，他们会在转向之前测算北极星的高度。为了做到这一点，领航员会使用一种叫卡玛尔（kamal）的装置——由木头和打结的绳子制成。除此之外，他们还会运用洋流、海风、潮汐、海洋颜色等各种知识。到了15世纪晚期，据艾哈迈德•伊本•马吉德（Ahmad ibn Majid）撰写的印度洋航海论文概述中的记载，那时的阿拉伯人已引入了中国的指南针。

阿拉伯人和中国人对这个世界的了解，延伸至印度洋的各个角落。在公元1020年前后，一位未具名的埃及人写了一本宇宙论专著《好奇之书》（*The Book of Curiosities*）。书中展示了最早的一幅世界地图。图中不仅标有区域名称，还有城市名称。在地图中的印度洋部分，东非的桑给巴尔岛（Zanzibar）使用了斯瓦希里语名称，中国的一些地名也被记录下来。在葡萄牙人抵达印度洋之前，明朝绘制的世界地图同样精确地描绘出东南亚、印度和非洲的部分地区。

崛起中的大陆型国家，如中国和印度，虽然都曾有意促进贸易发展、打击海盗，但却将港口城市以及沿海地区与内陆世界隔绝。不过，这并不能使内陆人完全脱离大海，发生在16世纪的一个故事就证明了这一点：一艘信徒的商船陷入了困境，上师※十分担心。另一位信徒感受到上师的关切与指引，将受困船只带往安全地带。[3] 对于大多数普通人来说，虽然海洋带来了理想的商品，但主要还是以运输媒介的形式存在，这是一个独立于社会

※ 源自印度教梵文，字面意思为教师或导师，是指在某个领域中具备深厚知识、经验，可以指导一个人方向的人，能够引导并教育他人的教师。

之外的空间——虽然是一个能实现航行和商业自由的空间。

即使在伊斯兰教控制了印度洋之后，陆地国家依然热衷于促进贸易交流和文化传播，而不是加强海军实力或限制其他国家的航行。在欧洲人入侵印度洋的前夕，这一多种族地区已建成了综合而广泛的商业体系。但对生活在海港与海岸线区域之外的人们来说，海洋本身就好似一面镜子照出了人生百态。水手同样处于边缘地位，人们钦佩他们在航行方面的专业知识，重视他们在运送货物方面所起到的作用，但却从未把他们视为社会的一部分。海洋独立于社会之外，作为一个专门从事贸易的空间而存在。它代表的仅仅是人们想要跨越的距离，而非国家领土的组成部分。

数千年前，商船将地中海和印度洋连接起来。与印度洋沿岸国家不同的是，古希腊和古罗马在一定程度上将对帝国的统治延伸到了海洋。希腊的地理边界是令人望而生畏的洋河，将可供人居住的世界包围其中。在海神俄亥阿诺斯的统治下，大洋河的水被看作是所有陆地河流和溪水的源头，但海洋之神却是如此的神秘莫测、令人畏惧。俄亥阿诺斯在这里画了一个圆圈，将地中海置于希腊地理的中心。在伊索寓言和罗马时期的马赛克作品中，海的原初之神塔拉萨（Thalassa），是一位手持船桨从海面升起的海洋女神。这里的人利用地中海开展贸易、捕鱼和扩张势力，形成了与印度洋附近截然不同的人海关系。

自然地理的发展为地中海沿岸居民利用海洋、认识海洋奠定了基础。随着海平面的上升，巨浪席卷了沿海平原，地中海海岸也变得比印度洋或太平洋海岸狭窄。沿海平原的居民被巨浪夺走了大量的资源，顷刻间，他们才发觉自己是多么依赖海洋，而且与内陆社会已严重脱节。海洋鱼类作为一种重要的食物来源，起初被用于果腹，而后也加入到了商业贸易的行列，鱼类资源的不均衡分布，促进了沿海族群之间的相互交易。

早在希腊人之前，神秘的腓尼基人就已形成海上贸易联盟，并占领了地中海东部沿岸，这两股力量建立起世界上最早的海上殖民帝国。到了公元前 8 世纪，腓尼基人的商埠已遍布整个地中海。倘若俯瞰直布罗陀海峡的岩厦※处，你会看到这样一幅画作：几根简单的线条勾勒出一艘代表腓尼基航海技术的海船，这可能揭示了腓尼基人与不熟悉腓尼基海事技术的西地中海居民的接触。大西洋加迪尔港（Gadir，现为加的斯港）的建立，让腓尼基人将地中海与大西洋沿岸连接起来，进行贸易或其他商品交换活动。庞大的蓝鳍金枪鱼会洄游至直布罗陀海峡产卵，而加迪尔港则是绝佳的捕捞位置，让此地成了世界上最早的商业海洋渔业中心。

腓尼基人在航海技术方面的革新，令东至亚洲文明区、西抵伊比利亚半岛的海上贸易，全部掌握在他们手中。榫卯结构的发明将船体木板紧密联结，显著提升了腓尼基船只的坚固性。海洋考古还发现了一种腓尼基人发明的灌铅木锚。“制海权”一词通常用于描述占有重要海域的海洋强国，腓尼基人船只建造能力的提高与海洋知识的完备，加速了他们的财富积累与势力扩张，使其跻身于首批获得“制海权”的国家之列。如同希腊人、挪威人或其他临海国家一样，腓尼基人的力量源自海洋而非陆地。

世人对腓尼基人知之甚少，甚至不知道他们为何称自己为迦南人。希腊人创造了“腓尼基”一词，起初可能是指一种从软体动物身上提取出来的珍贵紫色染料。腓尼基人不仅充当了贸易的

※ 岩厦（rock shelter）不是地名，而是一种遗址类型，又叫岩棚、岩荫等，是由岩石经长期地质作用而形成的“屋檐”，其特点是在古老的岩石比较陡直的断面上，软质岩石易于风化或侵蚀，坚硬的岩石就凸显出来，可遮风蔽日。

公元 2 世纪，一艘雕刻在石棺上的腓尼基船。

中间人，也成了文化的传播者。除了现代字母表和一些新的发明创造，亚述与巴比伦的神话传说和丰富的知识，也都被腓尼基人一同带到了地中海沿岸。这一切都对黄金时期的希腊文艺复兴产生了推波助澜的作用。

在古希腊和古罗马文化占据主导地位的历史时期，地中海一直是世界的中心。根据古希腊历史学家希罗多德（Herodotus）的说法，公元前 7 世纪，腓尼基水手就曾环绕非洲大陆航行。而在大约公元前 8 世纪末，诗人荷马创作史诗《奥德赛》时，地中海西部地区对他来说还是一片空白。历史学家约翰•吉利斯（John Gillis）认为，正是由于荷马在希腊地理知识上的空白，才让他那史诗般的航海故事充满了令人惊叹的地理想象。而带领阿尔戈英雄们获得金羊毛的伊阿宋（Jason）也进行了同样奇妙的探索，并为描述海上探险家乃至后来的太空探险家提供了专门的词汇。“Argonaut”的字面意思是指“阿尔戈号”船上的水手，但这个词也被用作远海中软体动物的学名，即“贝葵”。这是一个极富诗意的词汇，专门用于称呼水手和冒险家，后来由此派生出“aquanaut”（海底观察员）和“astronaut”（宇航员）两个新单词。到了托勒密时代，希腊的地理知识已将东抵中国和西至大西洋的部分区域囊括其中。人们将直布罗陀海峡两岸耸立的海岬，称为海格力斯之柱（The Pillars of Hercules），它们的存在将我们熟悉的地中海与远处混沌的海洋彼此分隔。

贸易是希腊和罗马的立国之本。罗马人遵循古希腊的《罗得海事法》（*Rhodian Code*），鼓励自由贸易，但这并没有延伸为一种海洋绝对自由的概念。猖獗的海盗活动迫使沿海国家不断向海上投放军事力量，又因为这里特殊的地理环境——地中海区域内多海盆、海湾和狭窄的海峡，海岸线漫长，各国纷纷加大管控力度，以保护这里的海上贸易。在公元 2 世纪和 3 世纪，商业性捕鱼者开始使用渔网、篮子或是鱼钩等捕捞工具，打击海盗也使捕鱼业受益，尤其是使远距离海上贸易中的鱼类产品获得保护。咸鱼和鱼酱的生产和交易，将罗马人的口味传遍了整个帝国。盐渍金枪鱼被装在陶罐中，由船只运送到几百千米以外的地方进行交易，也许还漂洋过海，被卖到了更远的地方。在那个时代，金枪鱼对捕捞这种鱼类的城邦来说极其重要，以至于一些城邦的公民还将金枪鱼的形象铸在钱币上。鱼和捕鱼业对早期的基督徒具有象征意义，在教徒们能够公开做礼拜前，鱼曾经被作为象征基督教群体的符号。

希腊人和罗马人将大海称为“mare nostrum”（罗马尼亚语，意为“我们的海”），并视大海为其世界的中心，但从未将大海视为与人相关的自然元素。航海家们喜欢在陆地以外的广阔水域中航行，海战通常发生在离岸不远处。一旦海员可以上岸，一般不会选择在船上吃住。尽管这些古老的军事强国喜欢在岸边驻扎，且已经具备了海上作战能力，例如部署潜水员切割锚索、制造沉船事故或组织人员修建海港防御工事等，但这些地中海国家并未将海洋视为完全脱离社会或不受国家权力影响的空间。罗马帝国认为，自己有权扩大势力范围，以保护海上贸易，将外部地区与中心区域联系起来，并确保包括连通性资源在内的海洋利益不受侵害。那时，人们并未将海洋视为等同于陆地的领土部分，而是将其理解为某些强国可以干预的势力范围。作为该地区霸权主义的产物，罗马对地中海海岸以及一些封闭水域进行了一系列的管控，不过，公海未被包含其中。

在罗马帝国覆灭的同时，欧洲内陆也发生了剧烈变化，封建社会的形成，使欧洲农业迅速发展，人们逐渐放弃海洋捕鱼业，转而从事淡水养殖。斯堪的纳维亚半岛及北部的一些地区，则仍然依赖海洋食物，且保持着航海、造船和具有强烈海洋导向的文明特征。尽管此时陆地已成为人们主要的生活环境，但对信仰基督教的北欧地区来说，岛屿、海岬和沿海半岛有着特殊的意义，这里是许多古代习俗、传说的发祥地，还是公墓、圣地或是堡垒的所在地。

在欧洲的黑暗时代，一些圣人会有意前往空虚寂寥的大海进行探索。公元 5 世纪和 6 世纪，忏悔者和修道士将大海视为荒原，专程从爱尔兰启航，驶向宽阔的大西洋。尽管隐士们有时只能在偏远的海岸边或是孤岛上登陆，在微露的礁石上勉强度日，但他们的航行本身就是一场精神境界的修行。圣人们在所到之处兴建修道院，足迹远至法罗群岛（Faroe Islands）乃至冰岛等地。

挪威人侵占了整个北大西洋，并将僧侣与隐士驱逐出他们的隐居之地。放眼整个欧洲，维京人的航海实力无可匹敌。到了公元 8 世纪，海上贸易与船只劫掠，帮助维京人积累了财富与地位。维京人就像两栖动物一般上山入海，在大陆与海洋之间任意妄为。维京人四海为家，在农闲时积极扩张自己的势力范围。对他们来说，船不仅是一种交通工具，还是将逝者送往另一个世界的摆渡工具，他们将遗体装进船棺，使其在海岸长眠。公元 9 世纪初，造船技术取得重要突破，经典的维京长船横空出世，这种船在桨动力船的基础上加装方形帆，借助风力让船只更加快速、高效地穿越海洋。

维京人主要沿北大西洋海岸和欧洲河流水系迁移。由于此时巨大的人口压力和混乱的社会环境，他们从地中海向冰岛北部，或从里海向纽芬兰西部进发，寻找新的定居点。维京人雄心勃勃地踏上了漫长的旅程，他们携带着种子与动物，在新领土上以其熟悉的生活方式开创新生活，并逐渐发展壮大。挪威海员们也许听说过爱尔兰僧侣们的成功航行，所以勇敢地向北部的设得兰群岛（Shetland Islands）进发，大约在公元 800 年前后，到达了法罗群岛，又过了六七十年，抵达了冰岛，并在几十年后最终到达格陵兰。

尽管历史记载了维京人大胆穿越广阔的海洋，并在公元 1000 年前后到达了北大西洋沿岸的纽芬兰，但这些英勇无畏的航海者，却对这段航程有着不同的理解。他们将海洋想象成一片封闭的水域，并进行管理，这片封闭水域的边界包括挪威海岸、格陵兰岛、巴芬岛（Baffin Island）、纽芬兰和非洲。著名的北欧维京探险家莱夫·埃里克松（Leif Erikson）曾沿着内海航行，幸运地来到一个适宜定居的海岸，但并没有发现新大陆。由于维京人主观上将北大西洋视为一片封闭的海域，因此海洋变得不再那么可怕。但它对人类来说，依然是一道难以跨越的屏障，跨越它需要高超的航海技术、适航的船只，以及以海洋为导向的文化传统。

与维京人的海洋文化不同，中世纪时期，大多数欧洲文明都与大海无太多关联。将斯堪的纳维亚融入欧洲社会，促进东西欧融合，维京人与其他海上先民功不可没。但是，他们的贸易内容仅限于一些远近闻名的奢侈品，或是一些特殊商品。商业革命推动了国际贸易的增长，一定程度上促使欧洲将视野重新转向大海，但其实这也是人类一定要完成的跨越。11 世纪，淡水渔业严重消耗，鲟鱼、鲑鱼、白鲑、鲱鱼、鳗鱼、梭子鱼、鲷鱼和鳟鱼的产量已不能满足需求，海洋捕鱼业也因此重获生机。根据对贝丘※的分析可以得知，这一时期，人们对鱼类的消耗量，从淡水鱼类占总数的 80%，突然转变为海洋鱼类占 80%，其中最多的是黑线鳕鱼、鳕鱼和鲱鱼。

一幅木版画，描绘了1555年瑞典最南端的斯堪尼亚（Scania）捕捞鲱鱼的场景。

※ 史前人类聚居点的生活废物堆，里面有人们吃剩下并抛弃的骨头、贝壳等，大都属于新石器时代，有的可能延续到青铜时代或更晚。

从那时起，专业人士便开始从事商业性捕捞，品种丰富的海产品市场也开始出现。到了中世纪鼎盛时期，巴斯克人曾在比斯开湾（Bay of Biscay）开展商业性捕鱼活动。早在哥伦布航行之前，巴斯克人可能已经迁徙到北大西洋西部，在那里追捕露脊鲸，从而导致近岸海域鲸数量大为减少。由于市场对油脂、毛皮和象牙存在大量需求，欧洲人便在北大西洋海域持续搜寻能产出这些珍贵商品的神秘生物。维京人的长船驶过他们眼中的封闭海域，寻找贸易伙伴和居住地；爱尔兰僧侣扬帆起航，追求神圣或完成忏悔；受利益驱动的欧洲人，则追逐鲸、海豹和海象——他们可能是人类历史上最早探索海洋本身的一群人。

到 11 世纪，随着市场的发展，遍布各地的贸易将欧洲联系在一起，以满足新兴市场的需求。中世纪时期，水手们已经对直布罗陀海峡了如指掌，不过，成型的海洋运输还未发展起来，似乎等待着商业契机。在十字军满载东方的货物归来之后，水手们嗅到了一丝时机成熟的味道。由此开始，沿海港口逐渐发展成贸易中心，并促进了食品、原材料和进口商品的交易。贸易范围也从穆斯林所在的伊比利亚半岛，最终扩展到维京人殖民的爱尔兰甚至冰岛。威尼斯位于法兰克帝国和拜占庭帝国之间，这个城邦对东西方贸易交流来说至关重要。像腓尼基人、希腊人和维京人一样，威尼斯和其他意大利港口城市，均建立了陆基沿海政权，他们向海上投放军事力量，以求在贸易活动中占据主导地位，包括控制海上要道，但是，他们并没有将海洋视为自己的领土。

到了 12 世纪和 13 世纪，瑞典人控制了波罗的海，并投射军事力量，统治了这片海洋。在此过程中，瑞典人同样积累了大量财富。与包括著名的汉萨同盟（Hanseatic League）在内的其他波罗的海及北海强国一样，瑞典将水域视为国土的一部分，并对其行使一定的控制权。北欧人对待海洋的态度是由此地不同于南

因纽特人的漂浮木地图，靠触摸来指引航线。

欧的海洋环境造成的。南欧海水清澈，白天海岸的能见度高，而北欧海面则云雾弥漫，又常有狂风骤雨。在北欧的海上航行，需要水手具备相关的探测设备、航海图及一些海洋地标方面的专业知识。北欧的渔场多高产，这也鼓励着家家户户、封建庄园主乃至政府考虑将其陆地附近的水域划为捕鱼区。

同大西洋一样，太平洋也承载着各种各样的海洋文明，这些文明从对海洋资源的深度利用，逐渐转化为一种所有权意识。最近的考古研究表明，在今天的秘鲁、美国西部、加拿大的不列颠哥伦比亚等沿海地区，人们多以捕捞海洋资源为生，人口密集、生活富足，且早在农业出现之前，这里就形成了丰富且分层的社会文化。尽管阿留申群岛的陆地资源十分有限，但海洋和沿海的丰富资源，却使大型稳固的村庄得以形成，并进而发展出复杂的政治和社会生活。在一些北方地区，因纽特人使用过的地图被保留了下来。这些雕刻在木板上的地图显示了真实的海岸线，木板小到可以装进手套，即使在漆黑的夜晚，领航员仍可以通过触摸的方式读取信息。

在人类居住的所有大陆沿海地区，太平洋西北海岸最后一个被纳入西方世界的版图。华盛顿州的玛卡人（Makah）认为，大海及其资源，包括鱼类、鲸、海豹等，都属于他们。这也就意味着，太平洋沿岸和岛屿上的居民，已将对陆地和陆地资源的所有权意识延伸到了海洋。一方面，玛卡人利用其丰富的海洋知识享用大海的馈赠；另一方面，他们也尊重生命，视海洋生物为其精神世界的一部分。到了 20 世纪，玛卡人重新开始捕杀鲸，这在某种程度上表达了他们对于海洋的声索权。

相比于大西洋和印度洋，地球上似乎没有哪个地方的人会比太平洋沿岸居民更适应和更喜爱大海。这片巨大的海洋面积是大西洋的两倍，超过了地球上所有陆地面积的总和。太平洋连接五大洲，是世界上最大的自然地貌。无论是从自然地理还是文化地理方面来看，它都是一个最高级别的空间存在。太平洋上有人类居住的岛屿超过 2.5 万个，人们使用的语言超过 1000 种。早在史前时期，太平洋的岛民就已经掌握了航海技术，并学会了远航。

我们一般所说的太平洋地区，包括美拉尼西亚、密克罗尼西亚和波利尼西亚三个部分。美拉尼西亚指从新几内亚到斐济这部分地区，位于澳大利亚的北部和东部，人口最为稠密。北部的密克罗尼西亚和东部的波利尼西亚晚些时候才开始有人定居。一些观察人士认为，将太平洋地区单纯划分为所谓的三个“尼西亚”，未免将现实过分简单化了。然而，出于某些社会或历史原因，太平洋上的居民还是接受了这种划分。起初，太平洋的岛民将这里视为一系列海洋的集合，而不是三块大的分区。从 15 世纪到 18 世纪，欧洲人对这部分水域的理解，促使我们将太平洋视为一个统一的海洋。

在 4 万年至 5 万年前，太平洋上开始有人定居，当时较低的海平面使如今的新几内亚与澳大利亚成为一个单一的大陆块：莎湖陆棚（Sahul Shelf）——位于新几内亚岛的东端，自俾斯麦群岛（Bismarck Archipelago）延伸至所罗门群岛（Solomon Islands）。这片海域一直被称为“航海孵化园”，因为人类就是在这里掌握了航海经验，并具备了相关能力，进而开始了先短后长的航海之旅。

大约在 3500 年到 4000 年前的证据显示出更加充分的细节，考古学家在美拉尼西亚发现了一个名为“拉皮塔”（Lapita）的新文化综合体。拉皮塔人以独特的陶器工艺著称，在迁移定居至美拉尼西亚的过程中，带来了陶器和其他物品，以及猪、鸡和狗等自然资源。从遗传学的角度分析，拉皮塔人在来到美拉尼西亚之前，也曾从中国台湾的南部迁至菲律宾。人类在澳大利亚大陆以外的太平洋上定居有 3 万年之久，居住范围的东界线一直是所罗门群岛。3200 年前，拉皮塔人离开所罗门群岛，并在大约 3000 年前，到达了美拉尼西亚最东端的斐济。当时，人们前往斐济需要穿越 850 千米（528 英里）的公海。

紧接着，密克罗尼西亚和波利尼西亚差不多在同一时期开始有人类定居。在人类到达斐济的几个世纪里，波利尼西亚群岛上出现了一些遗址，其中包括萨摩亚和汤加遗址。最早在密克罗尼西亚定居的人类，很可能和拉皮塔人拥有共同的祖先，但他们是从中国台湾或菲律宾直接迁徙而来的，之后才是来自美拉尼西亚的拉皮塔移民。密克罗尼西亚诸岛比美拉尼西亚群岛的斐济、萨摩亚和汤加以东的岛屿面积更小，岛距更长。波利尼西亚的岛屿范围横跨 4000 多千米（约 2500 英里），形成了一个数百万平方千米的巨大的三角区，东抵复活节岛，南达新西兰，北至夏威夷。

在如此之短的时间内，人类发现了这些岛屿并在此定居，无疑是个非凡的成就。而在珊瑚岛上生存，就意味着要对生存模式、生活习惯以及社会组织和文化，进行彻底改变。太平洋上的居民会携带着动植物前往新的岛屿定居，例如芋头、山药、面包果、香蕉和甘蔗。长达 30 米（约 100 英尺）的双壳船，可搭载多达 250 人的短途旅行。对于长期的迁徙航行来说，这样的船只可容纳大约 100 人，以及在新岛上开启新生活所需的大量商品和生物。适应性与创新性无疑是移民群体的显著特点，许多维系生存的因素、复杂的政治和宗教制度也随之在太平洋上广泛传播。

在环礁上维系族群的生存，并不完全取决于定居者对土地的改造活动。太平洋岛屿上的生活，同样依赖捕鱼和水产养殖。滩涂、河口、暗礁和潟湖等海陆交界的地方，为人类生存提供了丰富的可用资源。不过，即便是在礁石周围捕鱼或修建捕鱼网，收获也是时有时无，因此，岛民们学会了在池塘里养鱼，并通过开关闸门或其他方法，将海水中培养的藻类和营养物质输送到池塘中喂养鱼类。

然而，并不是所有岛屿都适合人类长期生存。一些岛屿从未有过人类定居，反正考古学家还未找到有人试图在此类岛屿上长期居住的证据。1789 年，英国皇家海军舰艇“邦蒂号”（Bounty）上的叛乱者选择撤退到皮特凯恩岛（Pitcairn Island），正是因为那时这座岛上无人居住。神秘的拉帕努伊岛（Rapa Nui）——西方人更为熟悉的名字是复活节岛——向世人说明了什么是岛屿的生态局限性。估计早在公元第二个千年，拉帕努伊岛上就已有人定居，且繁荣持续了很多年。12～17 世纪，人们在这里创造并安放了不朽的雕像——摩艾石像。1722 年，欧洲探险家发现了这座已经没有一棵树的岛屿，岛上巨大的石像也就成了一个谜。以往的专家们认为，这座岛上最多曾住过 1.5 万人，但人类活动给岛屿带来了生态灾难。而今的一些考古学家则认为，拉帕努伊岛的人口上限可能是 3000 人，且岛上波利尼西亚老鼠泛滥，大量啃食棕榈树的种子，加之人类活动，最终耗尽了岛上的树木资源。

皮特凯恩岛和拉帕努伊岛属于地球上最偏远的岛屿。实际上，相当多的太平洋岛民与附近岛屿，甚至是更远岛屿上的居民有着密切联系，并进行了贸易和文化的交流。库拉环（Kula ring）就是一个很好的例证，在新几内亚东部的特罗布里恩群岛（Trobriand Islands）存在一种交换制度：红色贝壳穿成的项链沿着顺时针方向，从北方运往南方，作为交换可以从南方获得白色贝壳制成的臂饰。亚普岛（Yap，隶属卡罗莱群岛）和帕劳群岛（Palau，隶属加罗林群岛）一带流传的口述历史可将这一交易网的形成时间上溯至少十代人。然而，一些学者认为，这一时间可以追溯到

14 世纪，甚至是更早的 12 世纪。1922 年，布罗尼斯拉夫·马林诺夫斯基（Bronislaw Malinowski）在其开创性的研究著作《西太平洋的航海者》（*The Argonauts of the Western Pacific*）一书中，向人们阐述了与政治权力相关联的库拉互惠交换制度。他的研究确立了田野工作在人类学研究中的重要地位，并帮助人们了解到太平洋文化，这种文化的特征，包括占领部分海域，并延伸和连接至各个社会与政治区域。

最近，人类学家、作家埃佩利·豪法（Epeli Hau'ofa）重塑了欧洲人对太平洋的看法，试图恢复一个岛民们原有的并将延续下去的世界观。对岛民们来说，太平洋上的岛屿并非一些近乎在浩瀚大海中消失的孤立小岛，借用豪法在 1993 年发表的一篇颇具影响力的文章标题，那便是“岛屿之海”。在大洋洲人民的宇宙观中，陆地不再是世界的中心，在他们的神话、传说及口述史中，地表就如同海洋、地狱和天堂一般，是一小部分代表着特殊意义的领域。大洋洲的的确确是一个全方位的立体空间，不仅实体空间扩展到了海洋与天际，人们的精神领域也是如此。

豪法对大洋洲的洞察，在当今时代，同样具有深刻的政治影响力。他认为，欧洲人对太平洋岛屿的建设，是帝国主义的产物，但这些岛屿面积太小且资源匮乏，因此并不能支持欧洲的经济发展。这番解释使太平洋的岛民成为孤立的存在，并将其限制在这些小岛上。豪法认为，今天居住在太平洋上的岛民并不像其祖先那样，可以免受帝国划定的疆界限制。如今，岛民们在全球的岛屿与大陆之间旅行、工作，积累财富，运输和交换资源，并建立和培养血缘关系网络。例如，岛民们可能会从国外引入建筑材料及车辆，与此同时，太平洋岛屿上盛产的手工制品、卡瓦酒（一说来自南太平洋）、晒干的海产品或农产品则会反向输出。豪法曾说道：“这种沿着传统路线进行的非正式航海活动，为太平洋上的普通人带来了巨大福利。”[4]

太平洋上的居民具有很强的流动性，虽然当下主要依靠飞机出行，但从历史角度分析，这是他们以海为家的传统的延续。地理学家菲利普·斯坦伯格曾将太平洋和印度洋附近文化中对海洋的理解与密克罗尼西亚文化做了对比。对其他地区的人们来说，海洋是一个独立于世界之外的空间，而密克罗尼西亚人则认为，海洋空间近似于陆地空间，受其管辖。岛屿之间的海洋空间相互毗邻，且不存在无主区域。然而，这种对海洋主权的宣示，并不仅仅是一种抽象的占有。恰恰相反，人们珍视海洋，是因为海洋所给予他们的资源，无论这资源是高产的渔场，还是借助海洋的连通性实现的贸易和社交需求。一旦发现产量更高的捕鱼区或是决定停止开采渔业资源，人们就会放弃相应的捕鱼区。通过对航海知识的管理，尤其是精英航海员这类社会组织的管理，人们实现了对海洋的交通管辖。

在太平洋岛民的历史中，海洋既是一个社会空间，又是一个移动空间。许多岛屿的历史都是从岛的发现并有人类定居开始的，在历史叙述中，岛民的祖先自远方而来，而这个远方通常被理解为西方。甚至在波利尼西亚西部地区，当地流传的起源故事中也并未表现出明显的地理特色，因为人们知道，他们的祖先来自远方。波利尼西亚人的航海理念和技术与密克罗尼西亚人相吻合，这表明，航海对太平洋的人员扩散具有十分重要的意义。

人类环绕或横跨太平洋的行为，究竟是偶发事件还是有意为之，一直以来，西方考古学家都对此意见不一，对长期以来的假设提出质疑，可能是对这场辩论最务实的回应，因为这两种行为的发生是彼此排斥的。尽管偶然的漂移理论可以解释一些迁移行为，但学者基于计算机建模得出的结论显示，只有有目的的海上航行，才能解释人类几次关键阶段的扩散行为。1970 年，托马斯·

格兰德温（Thomas Gladwin）曾研究了普卢瓦特环礁（Puluwat Atoll，隶属密克罗尼西亚）岛民的传统航海行为。据他所说，1945 年，最后一艘独木舟才从海上销声匿迹。大卫•刘易斯（David Lewis）是一名水手，同时也是一名研究传统波利尼西亚航海学的学员，他引用了这一证据支持自己的观点，即长途航行不仅加强了地区之间的联系，而且让目的性迁移成为可能，这也无疑增加了偶然间漂移成功的可能性。[5]

波利尼西亚双壳体独木舟 *Hōkūle'a*，1975 年建造完成，旨在促使航海文化和知识重获新生。2017 年，该船完成了为期三年的环球之旅，将传统航海技术与现代技术相结合，以推广主题 *Mālama Honua*（意为"关注我们的地球之岛"）。

在大洋洲，传统航海依靠的是船员们口耳相传的技术与概念。学徒通过长期学习，逐渐掌握了行星的运动轨迹、不同季节的天气情况，以及特殊动物的生活习性。不同于欧洲航海，这里的人不使用任何航海工具。一旦确定了某一特殊地点的航行方向，船只的转向就会由一颗恒星的落点来引导，或将船只的航行轨迹与太阳、海浪、风向保持在一个特定的角度，继续航行。归巢的鸟类可以提示观察者视线之外可能有岛屿，云层当前的状况或特定的改变，以及一些磷光生物体的变化，也同样可以预示出船只已接近岛屿。航海学知识不仅包括海洋和天空两个层面，海的第三个维度也会有所使用，例如，引航员盘腿而坐或是躺在独木舟的底部，可以用身体感知到信风或远方风暴形成的不同寻常的海浪正在表层海流下涌动。

从 20 世纪 60 年代开始，一些对航海学研究颇深的海员，试图通过口述史跟随领航专家学习，或在传统船只和复制船以及现代船只上进行实验性航海练习，以揭开太平洋上航行的秘密。从历史的角度分析，海上识路和远洋独木舟建造这些相关知识，都由岛上一个实力强大且地位颇高的群体牢牢掌控。现代研究者找到了一些一直从事远洋航行的岛民。希普尔（Hipour）是一位普卢瓦特岛的密克罗尼西亚领航员，他对几位西方学者的教学激发了人们对传统太平洋航海的兴趣，促进了远途航行的再现，以及加罗林群岛（Caroline Islands）和太平洋其他岛屿航海培训事业的复兴。一位名叫特瓦克（Tevake）的波利尼西亚专家，能够精确地指出视线范围之外的岛屿，即便不看天空，也能在航行 72 千米（45 英里）后顺利登陆。

学者认为，太平洋上的领航大师除了在训练期间，其他时候并不会对他们的工作任务做出具体划分。他们不是单一地“操纵航向”或“确定位置”，而是在综合恒星、海浪和海洋动物等信息后，确定船只的精确位置、航行轨迹和抵达目的地的最佳路线。1769 年至 1770 年，航海家和传教士图帕亚（Tupaia）曾随詹姆斯·库克（James Cook）的远征队抵达新西兰与澳大利亚。在航行中，图帕亚不仅能指出他的故乡塔希提岛（Tahiti）的所在方向，还熟知除夏威夷与新西兰以外的所有太平洋岛屿。正如图帕亚所说，航海的艺术不仅源于岛上社会群体的结构，更与人们的精神生活与信仰相关，航海已成为将太平洋岛民与海洋紧密相连的一种表达方式，这种关系既体现在文化层面，也表现在物质层面。

然而，当太平洋岛民凝视着这片“岛屿之海”时，却找不到一个恰当的词汇或概念来形容整个浩瀚的海洋。可能对他们来说，广袤的太平洋也不算什么，所谓的海洋文化也不过是数不胜数的岛屿。最初将太平洋看作一个整体的反而是欧洲人，但那时候，这里对欧洲人来说却是一片空白，这大概是因为他们花了四个世纪的时间才找齐了长久以来大洋洲上所有为人所知的和有人居住的岛屿吧。

生活在太平洋小岛上的人们，将世界看作岛屿的海洋，而许多生活在大洋边缘的人，却将太平洋视为相连的海洋。日本的居民便是如此，这个国家有时被视为太平洋的一部分，有时则不然。由于大片的山区和有限的淡水限制了农业和内陆渔业的发展，日本从旧石器时代开始就严重依赖海洋生存。贝类、海藻和大量的鲑鱼可以为当地居民提供食物，而鲸的肉和身上的其他部分则被认为是上天赐予的礼物。空心船的出现让稀有宝石和奇异贝壳的交易活动成为可能，并由此推动了沿海运输业的发展。季节性迁移可以最大程度获取维持生计的粮食。渐渐地，人们学会了用动物骨头和角制成的鱼叉、鱼钩以及黏土制成的渔网捕猎，从而可以捕捞到更多的鱼类、海洋哺乳动物、贝类和海藻。早期的捕鱼文化类似欧亚地区的亚北极捕鱼文化，而马来西亚和中国似乎也进行了后期的创新。在中国，鱼一直被认为是幸运和繁荣的象征。对日本来说，即使是在大约 1000 年前以水稻种植为基础的农业开始兴起之后，渔业和对海洋资源的其他利用仍然是该国文化和经济发展的支柱。

女子在夜间鸬鹚捕鱼的彩绘木刻，作者：胜川春扇（Katsukawa Shunsen）、川口屋卯兵卫（Kawaguchiya Uhei），1800—1810。图中的女子一个在掌舵，一个在哺乳，两人都看着另一位手持火炬、牵引着三只鸬鹚捕鱼的女子。

如同世界上许多地方一样，日本与海洋的历史可以追溯到很久以前。这个岛上的人民对海洋有多熟悉，从一些独特的活动便可见一斑。鸬鹚捕鱼、海人潜水，都将人类与海洋的第三维度联系在了一起。早在公元 7 世纪，可以用脚蹼和翅膀下潜 45 米左右（148 英尺）的鸬鹚，就被用来帮助人们捕鱼。无论是在秘鲁还是在地中海，人类利用鸟类捕鱼的技能似乎是独立发展起来的。今天，在日本的长良川河上，仍然可以见到这样的场景：主人用绳子控制鸬鹚，鸟的脖子上套有一个圆环，使其在捕捉到鱼类后却不能吞下。在日本，鸬鹚捕鱼原本是一种维持生计的方式，后来演变为一项受到帝国政府批准的活动。每年，渔民都会将第一次捕鱼的收获运往首都。

海人潜水的起源可以追溯到大约 2000 年前，在日本沿海村庄，屏住呼吸的潜水员通过捕鱼来弥补陆地食物的匮乏。最初，海男和海女都在海中寻找贝类、海藻、章鱼、海胆和鱼类。后来，海人采集贝类和海藻的做法，演变成了一项女性专门从事的职业——海女。海人逐渐掌握了憋气技术，加之不断进行潜水实践，潜水时间可长达两分钟，下潜深度可达 30 米，不过，活动范围主要还是集中在约 9 米以内深度的水域。在公元 8 世纪到 12 世纪的某个时期，渔业从一种维持生计的方式，转变为对鲍鱼的渴求。比如日本海岸附近史前时期的贝丘中就发现了鲍鱼的残余。长期以来，鲍鱼既作为供奉神灵的祭品，具有宗教意义，又作为一种奢侈品，承载着重要的文化意义。自 17 世纪以来，鲍鱼干成为出口中国的重要商品。19 世纪后期，日本开创了由海女主营的珍珠养殖业，也成了新兴旅游业的一部分。

许多与海洋环境息息相关的日本海上传统均起源于中国，其中就包括鸬鹚捕鱼。中国人口密集，长期以来严重依赖淡水渔业。直到大约 1400 年前，鱼类养殖依然举足轻重。虽然中国的内陆疆域远大于日本，且庞大的国家也专注于对陆地的开发，但沿海地区从一开始就以海洋活动为主导。在这方面，中国类似印度洋社会，以陆地为主导，与沿海周边以海洋为导向的地区并存。尽管沿海捕鱼由来已久，但有时仍会受到海盗或台风的影响。虽然独木舟在太平洋其他地方非常流行，却没有在中国发展起来。1000 年前，中国出现了适于航行的舢板，设计可能来自河流上常用的木筏。

公元 5 世纪或 6 世纪，中国商人通过广州或其他港口，参与了印度洋贸易，但直到 12 世纪，中国政府才建立海军。公元前 200 多年，中国人发明了指南针，但直到公元 1000 年以后，中国人才首次将指南针用于海上航行，并借助阿拉伯和波斯航海家们的其他航海仪器和技术，开始与邻近地区建立起了朝贡关系。

不过，贸易依然是一个重要方面，中国人的品位和市场需求，对太平洋周边日益紧密联系的经济体产生了巨大影响。

在 15 世纪的前三十几年，中国政府资助了一系列的大型航海活动，足迹曾远达东南亚和印度，并最终到达波斯湾和非洲。明朝永乐皇帝积极推动这些规模宏大的海上航行，他命人扩建运河、修筑长城，将这些内陆的防御工事延伸到了海洋，向世人展示了明朝可与蒙古人对抗的实力。当时，中国海上贸易已经活跃了几个世纪，且海军实力和造船技术已处于世界领先水平。中国人创造出具有水密舱和船尾柱的船只，并用桅杆和有效的船帆取代划艇，为货物运输腾出空间。早在 11 世纪和 12 世纪，除了采用阿拉伯航海技术，中国的造船厂还借用大三角帆，使逆风航行更加有效。包括新型星图在内的印刷品和罗盘的使用，为晴朗天气下的航行提供了海上导航工具。这些技术的使用领先欧洲大约

上图为中型宝船的复制品（63.25 米长），由混凝土和木材建造而成，位于中国南京宝船船厂。该船建于 2005 年，以纪念郑和舰队。

1000 年。

明朝的永乐皇帝决定向外开拓中国周边海域时，选择了受其信任、才华横溢的宦官郑和担任行动的指挥官和外交官。这位出色的航海家幼时曾被进攻云南的明军俘虏为奴，此后一直为皇室奴仆。1403 年（明永乐元年），郑和受命负责船队的建设和航行的领导。第一次航行是在两年之后，在到达卡利卡特（Calicut，现译为科泽科德 /Kozhikode，印度城市）之前，郑和船队曾访问越南、泰国和爪哇。在那里，船队一边进行贸易和外交活动，一边等待着春天季风风向的转变，以便在 1407 年利用顺风回国。第一次航行返回后不久，第二次航行便再次启程，这次是为前往卡利卡特参加新统治者的就职典礼。1409 年，郑和船队二次航行还朝，同年又立即开始了第三次航行，这一次增加了马来西亚的马六甲和锡兰（今斯里兰卡）作为停靠港。在第三次航行返回两年后，1413 年，郑和率领船队，带着一个更为宏伟的目标，开启了第四次征程。郑和的主船队到达了波斯湾的霍尔木兹，而分遣队则沿非洲东海岸继续向南移动，几乎到达莫桑比克。

这几次航行均涉及贸易和建立朝贡关系，且舰队和船只的规模比船队所走的距离更加令人印象深刻。第一次航行的船只数量超过 300 艘，其中，长度超过 121 米，带有 9 根桅杆的船只达 60 艘之多。这些巨大的宝船无不是在向国外展现明朝无可匹敌的技术和财富。在数百艘小型船只的护航下，舰队不仅运送大炮、马匹、军队和饮用水等物资，还携带了丝绸、瓷器、茶叶和铁器等礼品。通常，外国的外交官还会搭乘这些宝船，一起返回中国的都城。第五次远航到达了红海口的亚丁湾，并再次访问了非洲东海岸，这次远征返程时，有许多外国官员跟随船队一起回朝。第六次航行是中国舰队抵达最南端的一次冒险之旅，到达了莫桑比克。

永乐皇帝在郑和第六次下西洋回朝两年后去世。海上扩张虽然得到朝中扩张主义派系的支持，但保守势力反对这种耗资巨大的行为。新皇帝取消了下西洋行动，但在位不久便去世了。他的儿子宣德皇帝（明宣宗）继承了祖父的遗志，于1430年再次下令，开始第七次海上航行。郑和在最后一段航程的途中抑或是返程之后不久去世，他曾为后人立下布施碑，记录了前六次下西洋的所到之处和成就。随后，海上贸易和探索逐渐衰退，中国也再没有进行任何远洋航行，那些宝船被摧毁，两根桅杆以上的船只也被禁止建造。当中国将目光毅然决然地转向内陆时，一支拥有3000多艘舰船的海军顷刻间不复存在，人们逐渐遗忘了这场恢宏壮观又充满奇趣的海上航行，直到20世纪才又被重新提起。

尽管历史学家不喜欢反事实分析，但还是不禁会想，如果中国继续进行海上探索，当欧洲人遇到宝船和规模庞大、建造精良的中国舰队时，会发生什么故事呢？不过，同样重要的是，我们要认识到，15世纪前期（1405—1433年）郑和下西洋的航海活动，与同世纪晚期以葡萄牙人为开端的欧洲海上扩张行为之间，存在着本质上的差异。这些令人印象深刻的船队并未探索未知领域，而是沿着中国商人打造的航线前进。中国航海的主要目的不是贸易，而是展示国家力量、聪明才智和财富，诱使外国向明朝进贡。中国放弃远洋航行的故事，揭示了一种挣扎：是接受海洋文化的特性，还是选择回避海洋，追求孤立的陆地优先发展？中国的例子恰好表明，海洋知识的获得和利用与文化意图、选择及愿望密切相关。正是在这种雄心的驱使下，郑和船队追求知识和技术，完成了令人印象深刻的航行。另外，由于中国商人、船舶建造者和其他人早在很久之前就开始了海洋探索，所以这些知识和技术才唾手可得。

人类一直以来都与海洋紧密相连，最初阶段是为了生存和运输。人类与海洋之间独特的关系，不仅由不同的地理文化造就，同时也受海洋经验和对海洋资源的利用等方面的影响，这其中既包括海洋知识，也有对海洋的想象。维京人认为，他们的航海活动发生在封闭的内海，这让他们能够穿越惊涛骇浪的大西洋。大洋洲的岛民们认为，海洋是“岛屿之海”，而欧洲探险家看到的则是一片汪洋。世界各地的群体，即使是以陆地为主导的帝国，都表现出了与海洋的紧密联系。这种关系可以追溯到很久以前，并且深刻地塑造了它们各具特色的文化。15 世纪，航海事业和沿海民族建立起了跨区域、跨海盆，乃至跨海洋的相互联系。自那之后的航海家们就会找到地球上所有海洋之间的联系，他们利用和早期人类与海洋相同的模式创造出了一个全球性的世界，那就是将经验与想象相结合，去了解和利用海洋。

第三章

海之联系

潮涨潮退，玄妙隐晦
艺术之粹，吾应领会
重洋远渡，抉择前路
苍茫大陆，老马识途

——约翰·德莱顿（John Dryden），
《奇迹年》（*Annus Mirabilis*，1667）

沿海居民的生活一直与海洋密不可分，他们依靠海洋资源生存，利用海水实现运输，并建立起对海洋文化的认同。虽然早在 15 世纪初期，中国明王朝的舰队就曾远赴东非和波斯湾，但直到 15 世纪中后期和 16 世纪，人类才将航海范围或地理想象扩展到全球范畴。欧洲人也是如此，他们通过贸易和殖民统治获取财富，将活动范围从所在地区的海岸和海盆，扩展到了全球。传统观点认为，这一时期的探险家们所抱的航海目的，主要是为了发现未知的新大陆，或像对东方香料的渴求那样，找寻一些贵重商品的货源地。著名的海洋历史学家 J. H. 帕里（J. H. Parry）在其里程碑式的作品《探索海洋》（*The Discovery of the Sea*，1974）中写道，所谓的“大发现时代”，让航海知识日益积累和丰富。探险家们非凡的创造力及其航海的重要性，不在于发现了新大陆，而在于他们通过海洋航线，将人类居住区与已知的陆地连接起来。实际上，真正新奇的发现并非来自陆地，而是来自海洋：人们不仅认识到地球上所有海洋都相互连通，还学会了如何在没有冰层覆盖的海洋之间航行。葡萄牙航海家们对这些知识早已了然于胸，并由此发现了绕过非洲到达印度洋和远东的航线。相比之下，哥伦布的发现则更为直接，也更为重要，他证实了跨越有界的海洋盆地和往返航行的现实可能性。纵观历史，对诸如密克罗尼西亚人和维京人这样的群体来说，讨论对海洋的“探索”毫无意义。不过，从西方现代史的角度来看，这种探索的意义更为深远，因为海洋知识具有全球性特征，这些知识让欧洲国家通过构建全球经济、技术和文化网络，扩大了势力范围，实现了其帝国控制。

15 世纪中叶，土耳其人攻陷君士坦丁堡，控制了欧洲东部地中海沿岸，同时也切断了与远东的贸易航线，激发了探险活动的进一步展开。此时，海洋航行和内河运输，将整个欧洲连为一体，在促进贸易货物流通、思想广泛交流的同时，也导致了病菌的传播和肆虐，这其中就包括引发黑死病的淋巴腺鼠疫，这场瘟疫导致欧洲三分之一的人口死亡。南北欧的连通，缔造了颇具活力的海上贸易网络，也促使一些意大利港口城市、汉萨城镇以及商业社区呈现出勃勃生机。随着蒙古帝国的解体和瘟疫的蔓延，陆上丝绸之路被迫中断，加之地中海地区海盗活动猖獗，资金充裕的欧洲商人不得不转而寻找其他可替代的贸易路线。

1419 年，葡萄牙航海家们在著名航海家亨利（Henry the Navigator）的带领下，开始沿非洲西北海岸航行，不久便到达了马德拉群岛（Madeira）和亚速尔群岛（Azores）。到 15 世纪中叶，具有高度灵活性的卡拉维尔帆船，已成为远洋航行的首选工具——这种帆船适航性强且吃水相对较浅，能够有效地在沿海水域作业。尽管人们认为，欧洲航海之路的成功源于技术或知识方面的因素，但郑和下西洋时的船队，也拥有等同或近似的船只、装备和航海知识，因此，取得如此成就的原因或许应另当别论。仅以葡萄牙这一好战的基督教民族为例，为了聚敛更多的财富和镇压穆斯林的扩张势力，同时也为了获取长期缺乏的耕地和粮食以及非洲海岸的黄金和黑奴，还有那些来自远东的充满诱惑的香料，他们毫不犹豫地踏上征程，并获得了巨大成功。

对海洋的深度探索让水手们割舍了沿海情节，转而向公海进发。1434 年，葡萄牙人克服巨大的心理障碍，绕过了博哈多尔角（Cape Bojador）※，开启了对西非海岸的探险之旅。几内亚湾曾是葡萄牙奴隶贸易的老巢，这里地处赤道无风带，船只无力抗衡自西向东的逆流，多在此处漂流数周。而在南方，沿海盛行风带动洋流自南向北流动，与探险者的前行方向恰好相反。恰在此时，博哈多尔角附近岛屿的发现，激励了勇敢的葡萄牙船长，促使他们找到了从里斯本出发，到达所谓的充满黄金、象牙和奴隶的海岸之间的航线。他们运用自己的技能长距离航行，满怀信心地离开非洲海岸，寻觅出一条通往印度洋的海上航线。葡萄牙航海家们积累了丰富的地理知识，瓦斯科·达·伽马（Vasco

16 世纪 60 年代的葡萄牙卡拉维尔帆船

※ 博哈多尔角在大航海时代之前是欧洲已知世界的尽头，那里无比荒凉，附近暗流涌动，被当时的西方人称为“死亡之角”。

da Gama）作为葡萄牙航海事业的继承者，乘着盛行风，从里斯本一路漂洋过海，来到了非洲最西端的佛得角群岛（Cape Verde Islands），之后又继续航行到达好望角（Cape of Good Hope）。达·伽马并没有在几内亚湾的埃尔米纳（Elmina，或称为葡萄牙黄金海岸，今属加纳）多做停留——这里曾是黄金海岸的首个贸易站，随后成为大西洋奴隶贸易的一个重要据点。几个世纪以来，这条线路成为从大西洋驶向印度洋的标准航线。越过几内亚这一站后，航海家就进一步远离了海岸，这标志着他们确立了抵达印度、争夺香料贸易的航海事业新目标。

1497 年，达·伽马成功进入并穿越了印度洋，而这要归功于他在东非开启最后一段旅程前遇到的一位学识渊博的穆斯林领航员。沿海人民的文化与海洋息息相关，让他们掌握了丰富的航海技术和知识，当时的欧洲探险家常常要雇这些沿海居民当向导，正如印度洋的航海家懂得如何利用信风穿越非洲和中国之间的海域那样。此外，欧洲探险家还从亚洲地图（如 1512 年葡萄牙船长展示的爪哇地图）和专业水手那里，搜集了很多相关水域的知识。

达·伽马所指挥的舰队拥有一艘卡拉维尔帆船和三艘方形帆船。即使在现代，ship 一词依然不是一个通用的术语，它特指一种有三根桅杆的船体，且船帆为方形（看似方形，但实际上更接近于矩形）。卡拉维尔帆船比方形帆船规模小，沿着船的长轴装有大的三角形船帆。这种从船艏到船艉的设计，很适合逆风航行，但由于每张帆的面积都很大，需要很多人同时操控。相比较而言，方形帆船在顺风航行方面的表现更为突出，这一点是船只跨越信风带航行时所需的重要因素。这种船每根桅杆上都配有几张方形帆，但每张帆都很小，不像操控大三角帆那样需要那么多的水手。重要的是，方形帆船在运送补给、淡水、枪支、贸易货物和大量船员方面，能力比卡拉维尔帆船更强。

葡萄牙人发现了一条通往中国的海上航线，并与中国建立了令人满意的贸易往来，这无疑为帕里的观点提供了佐证。而克里斯托弗·哥伦布（Christopher Columbus）纯属意外地发现了一个不属于远东岛屿的新世界又有什么意义呢？哥伦布生于意大利热那亚城邦，是一位技术娴熟又勤勉刻苦的航海家。他根据搜集到的资料，相信自己可以通过向西航行到达东方世界。哥伦布的资料来源包括对古希腊地理的重新研究，例如托勒密（Ptolemy）对地球是一个球体的描述，以及大西洋航海家们积累的经验，让哥伦布对马尾藻海（Sargasso Sea）有了一定程度的了解。随后，加那利群岛（Canaries）、亚速尔群岛和马德拉群岛的发现，也证实了那些关于西部陆地和岛屿的传说。中世纪时期流传的关于圣布伦丹岛（The Island of St Brendan）或七城之岛（The islands of the Seven Cities）的故事，为在广阔而可怕的大西洋上航行的水手们带来了些许安慰。为了横渡公海，哥伦布采用了一种被称为“航位推算法”（从“推测领航”演变而来）的航海技术，即遵循一个固定的罗盘指向，并保持航行一段预估距离。基于对地球周长的错误判断，哥伦布推算的向西航行抵达中国的距离，比实际距离要短，但这一错误也体现了哥伦布寻找东方贸易海上航线的坚定信念。

历史上一直强调，哥伦布的突出成就，是将南北美两块长期孤立的大陆引入了旧世界。随之而来的哥伦布大交换，导致东西半球之间的人种、动植物和病原体的突发性流动，给这颗星球带来了不可逆转的改变。尽管哥伦布本人坚信，船队到达的陆地对欧洲人来说是已知地带，然而，跟随他的探险家却并不急于探索这块陆地。他的继承者仍专注于东方世界，并首先集中精力寻找一条能绕到东方的路线。探险家们在加勒比群岛中寻到一条通道，他们穿过切萨皮克（Chesapeake，美国城市），进入北美西北部冰冷的水域后，继续向南航行，避开了更多被人们选择却不利于航行的西侧热带或温带路线。最终，他们像费迪南德·麦哲伦（Ferdinand Magellan）一样，成功到达了东方。哥伦布对海洋探索的重要贡献，不是邂逅了新世界，而是令浩瀚可怕的大西洋变得有了边际。

西班牙人和葡萄牙人在大西洋的活动，为当时西方世界提供了关于海洋的新认知。这两个海洋强国陷入了争夺远程贸易控制权的地缘政治斗争，相斗无果后，转而向天主教会寻求裁决。教皇的诏书和条约刻画出一条从佛得角群岛以西延伸至南北极两端的假想线，一方面赋予了葡萄牙独家探索非洲海岸，继续寻找通往印度的东方航线的权利；另一方面也为西班牙预留了大西洋西部海域和一条通向远东的西部可能路线。1494 年的《托尔德西里亚斯条约》（*Treaty of Tordesillas*）※很容易被世人解读为它是在瓜分世界，或者像一些评论家所认为的那样，是在分割海洋本身。然而更确切地说，这项协定是在分配两个探索海洋的方向，而不是将海洋作为主权领土进行分割。在天主教会的支持下，葡萄牙人和西班牙人海洋探险的动机，看似在传播福音，但实际上对于无人居住的海洋来说无关痛痒。海洋只是一个可以探险、传教和开展贸易的媒介。国家可以在指定区域进行排他性探索，以实现对海洋空间的社会性控制，但海洋本身并不像陆地那样，是一片可以宣示主权的领土。

16 世纪的麦哲伦环球航行（1519—1522 年）将海洋探索推向了高潮，给世人展示了一条适宜航行的南部环球航线。尽管麦

※ 《托尔德西里亚斯条约》（或译为《托德西拉斯条约》）是西班牙和葡萄牙两国于 1494 年 6 月 7 日在西班牙卡斯蒂利亚的托尔德西里亚斯签订的一份协议。双方同意在佛得角以西 370 里格处划界，史称"教皇子午线"。线东新发现的土地属于葡萄牙，线西划归西班牙。

哲伦来自葡萄牙，却代表西班牙王室出航。在这一时期，许多航海家像哥伦布一样，通过为外国君主服务实现个人追求，麦哲伦就是其中之一。这次的探险虽然在地理意义上获得了成功，但也付出了相应的代价。五艘船中有三艘失事，包括麦哲伦本人在内的近 200 名船员丧生。然而，这场人类灾难过后，浮出水面的是对未来贸易的乐观态度和重要的全球新认知。事实证明，这个世界远比人们预想的要大得多。太平洋是这场冒险中最惊人的发现，世界上的第三个大洋就在美洲和亚洲之间。尽管诸如南部大陆的可能性或西北航道的探索等这些地理问题依然存在，但人类已找到了所有已知地点之间的海上航线。

麦哲伦环球航行的报道在其远征归来一年之后便得到发表，这一时期，地理和航海刊物如雨后春笋般涌现，麦哲伦的航行无疑成为其中的一部分。1455 年，约翰内斯·古腾堡（Johannes Gutenberg）出版了第一本印刷版的《圣经》。35 年后，他的第一本航海指南问世。印刷术发明后，航海资料得以从各个港口发行的商贸资料中分离出来，单独出版。随着印刷术的推广，包括地图在内的地理和水文信息，在整个欧洲读者中广为流传，由于该时期欧洲人的识字率不断提升，且本国语言的使用得到普及，阅读这些作品已不再是学者的专利。

海洋探索之旅，在很大程度上依赖于从学术资料中获取所需的地理和海洋信息，其中包括一些阿拉伯文献和新发现的希腊文献。文艺复兴时期，人们对希腊古典文学进行了再次挖掘，在包含希罗多德、亚里士多德和托勒密论著的地理著作中发现，对于认为存在一条可以流经这个球形世界的洋河的传统观点，他们都给予了否定。早在 15 世纪初，拜占庭帝国在欧洲覆灭之时，托勒密就在其著作《地理学》中驳斥了地球岛（认为海洋完全被陆地分开）的观点，而麦哲伦的大洋航行也成功地挑战了这种地理模型的权威。

欧洲探险家积极搜罗和应用专业知识与地理经验，系统寻找新的贸易路线。人类对海洋的使用，最终还是要依赖可靠的海洋知识。对经验证据的新认识推动了对经验价值的考量，而这一探索过程包含了新知识的积累与传播机制，同时也为未来的航海业奠定了基础。

在海洋探索刚刚起步时，波多兰航海图（portolan charts）就记录了航海的实际经验。这种导航设备为水手提供了罗盘方向，并估算出沿海地标或港口之间的距离。波多兰航海图在当时可以称得上是第一个尝试描绘地理范围的图表。由 14 世纪和 15 世纪的探险家创造的波多兰航海图，记录了葡萄牙和西班牙舰队发现大西洋岛屿和非洲海岸的相关信息，为之后的水手追随其足迹提供了帮助。假如航行距离较短，波多兰航海图的准确率在当时可

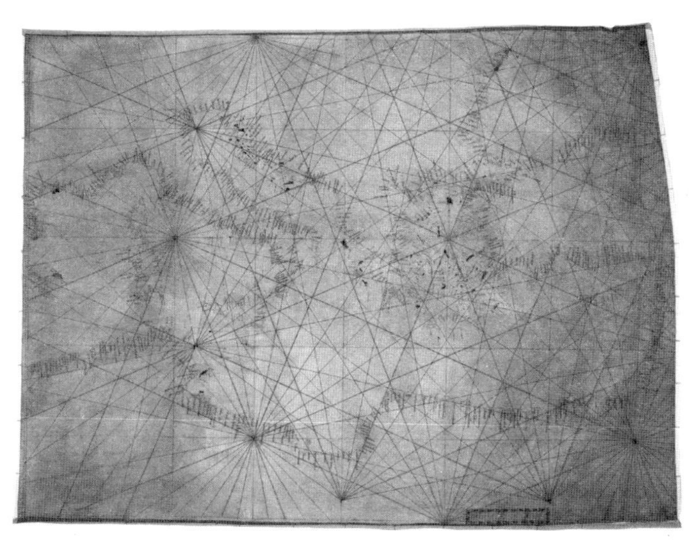

14 世纪的地中海波多兰航海图

算是最高的，但当航海家驶向大洋深处时，就变得不那么实用了。

相较于波多兰航海图的创造者，闭门造车的制图师绘制的世界地图，对航海的实际意义并不大，但却反映了海洋知识的变化。自古以来，手稿地图都是和文本一起制作的。已知最早的印刷版地图，被收录在 1470 年的百科全书中。这幅地图以一个圆形示意图展示出整个世界，图中有一条洋河环绕亚洲、欧洲和非洲三大洲，各大洲之间被呈“T”字形交错的水平和垂直流向的河流相互分隔；因此，有人用“T-O”这个名字来代指这种地图。其他早期地图的创作还受到了托勒密的作品、圣经故事，以及其他寓言或波多兰航海图的影响。

制图员绘制地图是为了满足主顾的需求，或是为了售卖地图印刷本，他们通常从各种各样的资源中搜罗最新的海洋信息，其中包括已出版的地图、书籍、手稿、水手以及其他航海人员的报告，偶尔也会有制图员的个人经验。中世纪的动物寓言或动物插图汇编本，为地图上的海怪形象提供了原型，而文艺复兴时期的制图师，还借鉴了一些古罗马风格的经典海豚形象。例如圣布伦丹岛的一个传说，讲的是一名水手漂到了一座小岛上，结果却发现这座小岛其实是一条鲸的脊背！受这个故事启发，一些地图上就有图片描绘了这样的画面：水手们在误以为是海岛的巨型动物的脊背上燃起篝火。中世纪地图中的海怪或一些令人惊奇的海洋生物，样子常常以陆地动物为模本，如海狗、海猪或海狮，因为制图师都遵循一个古老的传统：他们认为，海洋中的生物与陆地上的等同。

尽管在地理大发现时期，海怪形象在中世纪大多数的地图和航海图中并不多见，但那些画有海怪的地图和航海图，揭示了人们对奇闻逸事普遍感兴趣，以及对海上甚至是遥远海洋中发生的事件特别关注。更为奇特的生物通常被绘制在地图中的边缘位置，传递出一丝神秘和危险的味道——这可能会让人失去在这些领域航行的勇气。章鱼或其他怪物攻击船只的图片，似乎是对航行提出的危险警告。在马丁·瓦尔德西姆勒（Martin Waldseemüller）1516 年的《海图》（*Carta Marina*）中，葡萄牙国王曼努埃尔（King Manuel）骑着一只海怪靠近非洲南端，这幅令人印象深刻的画作显示了葡萄牙人对海洋的征服和政治控制。

16 世纪，最负盛名的海怪形象收录于 1539 年版的《海图》中，该图出自瑞典牧师奥劳斯·马格纳斯（Olaus Magnus）之手，涵盖了斯堪的纳维亚半岛南部到德国北部的地区，东到芬兰，南到大西洋，以及冰岛略西处，陆地和海洋都绘制得非常详细。图中的岛屿既有真实存在的，也有无从考证的，还有运载货物或捕鱼的船只。海洋中到处是游动的海洋生物，一些可以看出是鲸、海狮、龙虾或其他有经济价值的物种，另一些辨别不出的生物更为奇特，更具威胁性。图中袭击新教国家船只的怪物，可能反映了瑞典脱离天主教会后，流亡的马格纳斯对改革的不满。

除了地图，马格纳斯还在其著作里对他创造的海怪做了详细描述，这本书的译名叫《北方民族历史》（*History of Northern Peoples*，1555）。书中有些海洋生物的描述，源于动物寓言和传说，比如一条身长 60 米、生活在挪威卑尔根的海蛇；有些描述则是作者原创；还有一些源自新闻报道、不为人所知的动物。海员航海时遇到了各种各样的奇怪生物，比如巨大的鲸和鲨鱼，以及长着 3 米长螺旋形尖牙的独角鲸，他们将这些所见所闻带回家中。在欧洲和远东地区，直到探险家发现真相之前，独角鲸的牙齿一直被当成独角兽的角出售。欧洲宫廷深知珊瑚、珍珠和软体动物贝壳等奇珍异宝来自大海，17 世纪时，这些海洋珍宝开始同干海马、龟壳和鲨鱼的牙齿，一起陈列于欧洲人的珍宝屋中。1558 年，瑞士博物学家康拉德·盖斯纳（Conrad Gessner）的著作《鱼类书》（*Fisch-Buch*）出版，书中收集了大量有关海洋生物的现有知识，罗列了约800种生物。为了推出这部作品，盖斯纳在对水手传颂的故事进行总结的基础上，还到欧洲各地搜罗图纸和标本，甚至曾到威尼斯鱼市研究数月。书中的生物有的真实存在，有的则源自神话想象，但各种各样的生命形式均成为神造物的证据。16世纪50年代，盖斯纳的《动物历史》（*Historia Animalium*）出版，在书中，他向世人展示了作为陆生动物代表的独角兽、作为海洋动物代表的美人鱼和有脚的海象，还有许多从马格纳斯的作品中借鉴的怪物形象。其他的作者和制图员也曾复制或借用马格纳斯笔下这些富有影响力的形象。

一头鲸袭击船只的插图，由瑞士博物学家康拉德·盖斯纳于1560年绘制。

在许多地图中，海洋空间记录的细节和传达的信息，向我们展示了海洋活动的范围、活力和重要性，以及当时的海洋环境。地图中这些具有代表性的海洋生物和其他类型的图像，为读者展示了通常会被隐藏起来的部分，使海洋成为一个充满生机与活力的立体空间。在马格纳斯的地图中，海洋表面画着细密的纹路，水平方向的虚线则填充所有的海洋部分，偶有移动的船只或是露出水面的动物，将这些接连的虚线中断。在16世纪，有纹路的海面、可辨认的海洋生物、奇异而令人生畏的海怪，以及忙于海事作业的船只，填满了地图上的海洋空间。地图上这种装饰性细节的数量，取决于主顾们是否愿意慷慨解囊。

在印刷术诞生后的最初 50 年里，出版的中世纪地图通常都饰有这种纹路的海洋，时而用平行线表示，时而用断开的波浪线表示。有些寓言地图也用这样的形式来填充海洋，图中用线条指示水面，以此引起人们对海底的关注。而其他地图则以经纬度划分海洋空间，除了一些象征海洋活动的装饰性元素，如海洋生物和船只，图中其余的部分都保留了空白。

马格纳斯地图中有一处细节，似乎是在向海员述说着什么。从冰岛东部延伸到法罗群岛北部的这片海域中，有一组精心绘制的螺纹。现代海洋学家认为，它们可能指的是冰岛—法罗群岛的海岸。在这里，环绕冰岛海岸的北极寒流与向北流动的墨西哥湾暖流相混合，形成了强大的漩涡，会导致船只偏离航线。汉萨同盟的水手在冰岛和欧洲大陆之间进行贸易往来，将冰岛的干鳕鱼和其他产品换成欧洲的谷物、啤酒、木材和纺织品。航海家当然注意到了这里的温差和海面水流的变化，这些信息很可能是海员辗转到达德国北部城市时传达给马格纳斯的。另有一幅制作于 15 世纪晚期、来自布鲁塞尔的斯堪的那维亚半岛地图，图中似乎也描绘了一系列具有同样海洋特征的漩涡。但这两张地图中的其他地方都没有出现类似的螺纹形状，这表明，它们代表着一种具体特征。毫无疑问，此前的汉萨航海家和维京人对此早就有所了解。

当制图员可以利用印刷技术在纸上创建球形地球的投影时，地图对航海家们来说就更意义非凡了。在公海航行中，长距离航行的航海家转而使用墨卡托投影（Mercator projection）地图（1569）。这种地图显示了经纬度网，修正了地球的曲率，使罗盘指示的船艏向线可以在海图上表示为罗盘方向线（或者被水手称之为恒向线），以便用航位推测法在航海图上推算航迹。辅以天文导航，航海家可以利用对恒星或太阳高度的观测，或用象限仪找到他们的纬度，以纠正由于磁差或航迹推算导航产生的错误。直到18世纪晚期，水手才拥有了确定经度的能力。

这些记录在墨卡托投影地图上的信息，率先得到了实地观测，并连同科技革命带来的新变化，很快引起了学者的重视。尼古拉·哥白尼建立了日心说模型，但相关论著直到1543年哥白尼去世之后才出版，自此，地球不再是世界中心的这一观点，逐渐被世人接受。制图师杰拉杜斯·麦卡托（Gerardus Mercator）也凭借自身的力量，寻找最新、最可靠的信息来源。1541年，他在自己创作的地球仪上复制了马格纳斯的海怪形象，但在其著名的1569年版世界地图中，转而以最新的自然历史出版物做参考。此前，大多数制图师都将海怪和其他危险神秘的动物绘制于非洲、亚洲和印度洋海域，但麦卡托却将这些最具异国特色的生物放置在南美洲和太平洋附近的水域。此举标志着，人们对那些涉足较少的区域的地理兴趣有所提高。

亚伯拉罕·奥特柳斯（Abraham Ortelius）是麦卡托的朋友，但两人同时也是竞争对手。奥特柳斯于1570年创作了一幅世界地图，既包括当时航海图中的常见元素，也有一些较新的海洋特征。他把图上所有的海洋空间都点上了点，使海洋表面呈现一种纹理状，他还用经纬线划分了海洋空间。这幅世界地图中绘有一艘船和两只形似鲸的生物，它们虽然可能只是图中的装饰性元素，但也变相承认了海洋活动和鲸资源的重要性。16世纪较晚期的其他地图上，画有栩栩如生的鲸和人类捕鲸的场景，其中一幅描绘了在如今加拿大附近的北大西洋上，人们（很可能是巴斯克人）用鱼叉叉住一头鲸，并正对另一头进行剥皮、取脂。这一场景是从十年前出版的第一本关于巴斯克人在海上围捕鲸的刊物中复制而来的。图中虽像先前的地图一样保留了海怪元素，但海怪形象却与鲸类似，表明地图和图表上的海怪形象正在逐渐消失。

16 世纪时，世界逐渐为人所知，从那时起，地图上出现的怪物，似乎更多表达的是人们的奇思妙想，而不是海上经历的重重危难。海员们日益丰富的经验催生出了最新的自然历史知识，制图师则开始依据这些新知识描绘真实且具有经济价值的海洋动物。人们对自然的实际观察，取代了曾经对奇闻逸事的关注。图表上的鲸从具有威胁性的庞然大物，逐渐变成了游动的商品，而后完全从地图上消失了。偶尔出现的装饰船、指南针或地图上的航海仪器，显示出人类丰富的海上活动，但却淡化了海洋本身。17 世纪以后的格状海洋空间，常常是一片空白，不再用点或线来表示海洋的存在，也没有表现出人们对隐藏在海洋表面之下世界的遐想。地图上海洋空间的留白，似乎反映了一个事实：海洋已经从一个危险和神秘的所在，变成了自然世界的可知部分，对它的控制令海洋资源的开发和欧洲势力的扩张成为可能。

欧洲人在探索海洋的过程中认识到，印刷术和指南针这两大发明对世界大国的形成意义重大。弗朗西斯·培根是英国文艺复兴时期的政治家、法学家和作家。他在这两种发明的基础上增加了火药，认为这三种发明比任何一个帝国更能改变世界。增加后的三项发明，对人类的影响远比某种单一技术更加重要，培根认为，科学——从经验主义创造出的关于自然世界的新知识——是权力的源泉。在培根 1620 年哲学著作的扉页插图中，他赞美了指南针、印刷术和火药的发明，而它们也将培根的创作、科学的方法和探索联系在一起。图中描绘了一艘从地中海驶向大西洋的航船，正通过传说中直布罗陀海峡两侧的大力神石柱。培根有句

在弗朗西斯·培根1620年的作品《伟大的复兴》（*Instauratio Magna*）的封面上，一艘船正通过传说中直布罗陀海峡两侧的大力神石柱离开古典学术的世界，驶向象征着无限自然知识的公海。

名言是“知识就是力量”——科学和探索创造了知识，也因此传递了力量。

在北欧国家挑战伊比利亚权力的时期，培根是新兴海洋国家英国的公民。16世纪，葡萄牙和西班牙都在大力尝试开发各自通往远东的东西航线，而在接下来的几个世纪里，航运并没有取代陆运的主导地位，贸易仍由阿拉伯和威尼斯这些传统国家所把持。伊比利亚试图强制将荷兰、英国和法国排除在海洋之外，但这几个新兴海洋强国显然不会束手就擒。

早期，北欧国家试图找到一条通往亚洲的北方通道，但在此过程中却意外发现了鱼类资源（而且取道哈得孙湾，在北美北部陆地荒野上发现大量的毛皮动物）。富饶的北大西洋渔场提供了宝贵的海洋商品，加剧了各国对海洋贸易航线的争夺。这类商品的利润虽不像蔗糖或其他新大陆财富来源那般丰厚，却成为该地区的主要出口商品，且与加勒比海地区不同的是，这里吸引了许多北欧人来此定居。早在成为人类永久殖民地之前，西北大西洋就吸引了维京人和巴斯克人，以及紧随其后的英国人和其他北欧人到此捕鱼。英国渔民开始在冰岛周围海域寻找本国海域之外的鳕鱼资源，以应对汉萨同盟对渔业的垄断，并为虔诚的天主教徒提供了这种重要的蛋白质食物来源。

欧洲人并没有认识到捕鱼对水域造成的严重破坏，而未捕捞区丰富多彩的海洋生物又令他们心驰神往。1497 年，一位和哥伦布一样来自热那亚的水手约翰·卡伯特 [John Cabot，最初名为乔瓦尼·卡博托（Giovanni Caboto）]，领导了第一批英国人的北美探险活动。他曾写道，在这里，你只要放下篮子就能钓到鳕鱼，关于密集鳕鱼群的故事就这样流传开来，也因此减缓了船只的行进速度。到 1575 年，已经有来自法国、葡萄牙和英国的 300 多艘船停靠在大浅滩（Grand Banks）进行捕捞，而到了 16 世纪末，这一数字上升为 650 艘，捕捞鱼类总量达到数千吨。鳕鱼贸易促使北欧和南欧的海洋经济联系在一起，并刺激了跨大西洋贸易的发展。

英国人、法国人和荷兰人不再满足于只将海洋作为鳕鱼捕捞地，转而主张在欧洲和北大西洋以外建立贸易网络，并开始组建海军。海上冲突从一种为了获得商业利益甚至个人利益而保护或攻击航运的行为，转变为欧洲国家之间的政治冲突，以便为本国创造优势条件，维护本国在贸易航线、转口港或殖民地方面的商业利益。1510 年，“玛丽·罗斯号”（Mary Rose）战舰下水，英国着手建立国家海军，其他欧洲强国也纷纷效仿。1558 年，伊丽莎白一世继承英国王位。大约 20 年后，她派遣弗朗西斯·德雷克（Francis Drake）进行了一系列的自由航行，并完成了世界上第二次环球航行。由于德雷克袭击了西班牙人的船只和前哨，因此被西班牙视为海盗，而英国女王则将她的舰队看作武装民船。德雷克带着掠夺的财宝返回英国，被授予骑士头衔，并在 1588 年抗击西班牙无敌舰队的英国舰队中担任副指挥，最终取得了这场战役的胜利。此战虽然没有结束英国与西班牙两国之间的冲突，但提升了英国的实力，并由此向整个欧洲证明，西班牙并非不可战胜。

由于北欧强国向伊比利亚人在通往东方市场的海上航线的垄断地位发起挑战，导致海上贸易和海上战争形影相随。大约在 1615 年，伊丽莎白的顾问沃尔特·罗利爵士（Walter Raleigh）曾在一篇论文中阐述了海洋控制和世界权力之间的直接联系，但直到其死后，这篇论文才得以发表。他说道：

> 掌控了海洋的人，就掌控了世界的贸易之路。
> 掌控了世界贸易之路的人，就掌控了世界贸易。
> 掌控了世界贸易的人，就掌控了世界的财富，
> 也就掌控了这个世界。[1]

1600 年，英国商人成立东印度公司。两年后，荷兰政府特许成立荷兰东印度公司（Vereenige Oostindische Compagnie，简称 VOC）。一次，荷兰公司在亚洲水域扣押了一艘葡萄牙船只，公司聘请法学家雨果·格劳秀斯（Hugo Grotius）为其扣押货物和船只的合理性进行辩护。1608 年，格劳秀斯出版了宣传册《海

洋自由论》（*Mare Liberum*），认为从历史的角度看，任何人都可以自由使用海洋。

《海洋自由论》引发了国际法学家的“书之战”，即格劳秀斯与葡萄牙和英国学者之间的辩论，后者对格劳秀斯的观点做出了回应。格劳秀斯基于几个原因驳斥了葡萄牙将海洋据为己有的可能性，并嘲笑伊比利亚人对海洋主权所设的假想界限。他指出，人类不能居住在海洋中，也不能对其进行领土分割，所以无法对海洋宣示主权。他以摩尔人、埃塞俄比亚人、阿拉伯人、波斯人、印度人和其他民族为例，认同了居住在邻近海岸的人民对海洋拥有优先使用权，从而驳斥了葡萄牙人关于海洋探索的主张。重要的是，他认为，海洋有两种主要用途：航行和捕鱼，且资源取之不尽、用之不竭。格劳秀斯得出一个结论，自然规律决定了海洋水域对所有人都是开放的。由于海洋是一个各国互动的场所，那么，即便一个国家取得了完全控制海洋的能力，也有责任为其他访问海洋的用户保留许可权。

格劳秀斯的观点和对葡萄牙人的反驳，都反映了扩张主义国家的海洋政策和由此产生的海洋概念。葡萄牙人回应了《海洋自由论》，对“海洋是不可占有的空间”这一原则表示同意，但陈述了特定贸易路线拥有独占权和使用权的可能性，从而捍卫了《托尔德西里亚斯条约》的权威。荷兰人和英国人之间的竞争，不仅体现在远距离商业贸易中，还体现在各自沿海水域的捕鱼作业方面，英国法学家约翰·塞尔登（John Selden）从中得到启发，为英国捍卫了大部分海域主权。塞尔登的观点可以理解为格劳秀斯思想的一种变体，即一个国家拥有附近海洋空间的主权，同时也承认一些共同使用的权利。由于塞尔登并没有解决属于英国水域之外的海洋问题，因而基本承认了深海是一个自由空间的观点。

1619 年，塞尔登撰写了一篇关于《闭海论》（*Mare*

Clausum）的论文，但直到1635年查理一世为实现对沿海水域的管控而重建英国海军时，这篇论文才成功发表。17世纪，随着跨洋贸易的发展，遥远的欧洲定居点和美洲、亚洲商业前哨的范围不断扩大。虽然海洋自由的观念吸引了北欧列强纷纷来亚洲宣示贸易主权，但欧洲列强在进入这些市场时，各带不同的商业动机，导致了它们之间的冲突，引发了17世纪下半叶的五场大战。1652年到1674年间，英荷双方发生了三次海上战争。英国最终迫使荷兰放弃了沿海水域的主权，削弱了荷兰帝国的实力。此后，法国后来居上，成为英国争夺殖民霸权的最大竞争对手。

实际上，欧洲诸国所秉持的海洋自由观念并不一致，对海洋自由的认同，只能算是权宜之计。至少在最初一段时期，北欧列强曾效仿他们的伊比利亚先人，试图在海洋领域实施垄断政策。荷兰人一方面拥护海洋自由，一方面却在印度洋地区实施垄断；英国人嘴上宣称印度洋算作公海，但却将本国的邻近海域牢牢掌握在自己手里。17世纪，人们曾因荷兰在马达加斯加实行贸易垄断，发表了一份反对声明，以此声援格劳秀斯的观点："神创造了陆地和海洋，他把脚下的土地分给了不同的人群，却把海洋献给了所有人。禁止人们在海上航行，这是闻所未闻的。"[2] 这份声明使欧洲人在入侵亚洲时遭遇了当地人的反抗。长期以来，亚洲国家和阿拉伯的航海家，在印度洋海域享受着毫无争议的航行和贸易自由——格劳秀斯对海洋自由的阐述，正是受到了这种传统的启发。

海洋不仅出现在法律公文之中，在一定时期之内，还作为戏剧和大众写作的背景，占据着重要位置。例如，威廉·莎士比亚的《暴风雨》向世人表明，海洋不受政权控制，也不受所有权影响。举世瞩目的海上航行报道和灾难性的沉船故事，属于航海活动范畴。除此之外，领航员指南，实用航海手册，地图集，面向包括海员、政治家和政府官员、商人、企业家、科学家、工程师在内的专业群体作品所阐述与描绘的亦属于航海活动。尽管海洋文学大体还是以实用性为主，但仍然吸引了一批新的读者：纸上谈兵的水手们。

全球探险活动极大地丰富了海洋知识，然而，除了水手，西方人仍只将海洋视为一片荒原，一个人类无法控制的领域。《牛津海之书》（*The Oxford Book of the Sea*，1992）的编辑乔纳森•拉万（Jonathan Raban），在撰写有关 17 世纪航海文学的文章时惊讶地发现，“书中几乎没有海的存在”[3]。而英国文艺复兴时期的文学作品中虽充满了航海活动、航海仪器、各种登陆方法、与其他船只的遭遇，以及船上的人和事，但极少描述大海本身，即使有，也往往是因为遇到了暴风骤雨。1620 年，威廉•布拉德福德（William Bradford）在对“五月花号”（Mayflower）横渡大西洋的评论中提到，船只在“广阔而汹涌的海面航行，充满了危险和灾难”。[4] 在此 10 年前，一个前往詹姆斯敦（Jamestown，英国在北美的第一个海外定居点）的殖民者，记录了他所乘的“海洋冒险号”（Sea Venture）在飓风中的经历。他写道：“我们从没想到会遭遇如此之大的破坏力。愤怒的暴风和大海好像发了狂。”[5] 在欧洲人的观念中，海洋和陆地上的荒原存在着许多相似之处。布拉德福德称，他的探险队登陆的地方是“一片可怕而孤寂的荒野”，但同时，从他对上帝诚挚的感谢中，也能看出他对陆地荒原的偏爱，“让他们的双脚踏上坚实的陆地，胜过在海洋中四处漂泊”[6]。

欧洲移民踏上北美这块当时被认为是新大陆的土地，构成了始于 16 世纪大规模移民的一部分，他们中不乏自愿前来的人，也有被强制驱赶来的。到了 18 世纪，随着海运系统的完善，货物运输系统逐渐适用于运送移民，促使移民速度加快。从 1500 年至 1820 年，共有 1140 万人乘船到达美洲，其中绝大多数是非洲黑奴，超过了总人数的四分之三。来自西非的移民将游泳和潜水技能带到了新大陆。在16世纪到19世纪这段时间里，西方旅行者们注意到了西非人非凡的游泳能力（美洲和亚洲的土著居民同样有此能力）。当时，大多数欧洲人还不会游泳，而西非人就已会使用一些类似自由泳的泳姿了。成为奴隶的西非人被带到美洲，一些住在水边的居民有时会为了娱乐而游泳，还会教给孩子们这一本领。一些奴隶主利用奴隶的潜水技能，让他们当救生员，或雇用他们从事打捞、潜水、采珠、为渔业或航海业清理河床或航道等工作。

随着人类跨洋运输的发展和工业资本主义的兴起，航运业水涨船高，船上工作人员的数量急剧增加。除了移民，这些人员还包括商人、渔民、捕鲸人、海豹猎人，以及货船、奴隶船和客船的船员，还有海军舰艇的军官和船员。海上工作人员将大海视为人类活动的场所，而作家、制图师和读者群体，也愈加体会到了这一点。

19世纪以前，部分海洋的命名表现出海洋与人类的息息相关。麦哲伦为太平洋起了第一个统一的名字“和平的海洋”（peaceful sea），但似乎掩盖了它的凶险与猛烈。18世纪，西方人常常以邻近的陆地或盆地之间的联系，命名太平洋或是其他海洋的某个部分，从而隐含了人类视海洋为活动空间的理解。例如，位于东非的“野蛮海”和西太平洋的“中国海”，还有秘鲁海、巴西海或智利海。听到这些海的名字，人们会自然联想到这些地方之间的航线和交流活动。非洲之角与支撑奴隶贸易和种植园的东印度洋岛屿之间的水域，被统称为“埃塞俄比亚海”。

18世纪的海洋文学，同样着重描绘了人类在海上和海洋边缘的活动。1719年，丹尼尔•笛福创作了《鲁滨孙漂流记》，讲述了鲁滨孙•克鲁索在太平洋上遭遇海难的故事。该小说由一个真实的故事改编而来——一位名叫亚历山大·塞尔柯克（Alexander Selkirk）的水手在智利海岸的胡安·费尔南德斯岛（Juan Fernández）被成功救出后，这部巨著由此诞生：集海盗、船长和探险家身份于一身的威廉·丹皮尔（William Dampier）与笛福生活在同一时代，他在自己的第三次环球航行中救出了塞尔柯克，他们的事迹启发了这部《鲁滨孙漂流记》的创作。1697年，在丹皮尔完成第一次环球航行后，他的冒险故事《新环球航海记》（*New Voyage Round the World*）随之出版，书中包含了关于季风、水流和海岸、自然历史和未知领域的人们等宝贵信息。这本书不仅赢得了科学界的尊敬，其畅销度也与笛福的小说不相上下。笛福的作品开创了一代先河，在随后的几十年里，此类赞颂航海技术的海上故事大受欢迎。直到18世纪下半叶，太平洋探险活动产生了许多精彩的故事，与这些真实事迹相比，虚构的故事便显得相形见绌了。探险故事与轰动一时的海盗传记、经久不衰的海难传说、普通水手的艰难生活，以及一些黑人水手的故事，被一同展示给读者。

航海著作强调了人的努力以及在海上作业所需的技能和知识，但并没有体现航海活动对海洋人口和生态系统方面的影响。例如，荷兰东印度公司于1598年收购了毛里求斯岛，为渡渡鸟的灭绝埋下了一颗“定时炸弹”。这种不会飞的鸟类，被乘船来到该岛觅食的水手当作食物捕杀。人类的狩猎活动以及荷兰公司建立小型社区对其进行驯养和捕食的行为，导致该物种在一个世纪内全部消失，直到19世纪，人们才认识到渡渡鸟的灭绝原因。1865年，刘易斯·卡罗尔（Lewis Carroll）的儿童小说《爱丽丝梦游仙境》中，渡渡鸟形象成为物种灭绝的典型范例。

海洋探险是导致海洋动物灭绝或濒临灭绝的原因。1741年，维图斯·白令（Vitus Bering）率领的探险队在指挥官群岛

1896 年，斯特勒海牛的形象曾在一本关于已灭绝的大型动物的畅销书中出现。

（Commander Islands）发现了一种大型食草海牛，自然学家格奥尔格·威廉·斯特勒（Georg Wilhelm Steller）对这种海牛进行了描述，并以自己的名字为其命名。当探险队发现这些残存的种群时，曾经数量众多的斯特勒海牛，大部分已在从日本到墨西哥的北太平洋这块原始生存区域灭绝了，原因很可能是土著人的捕杀。海豹猎人、毛皮商和水手沿着白令海峡进入该地区后，一面为了获取食物和脂肪，一面用动物的皮制造船只，结果仅仅用了 27 年时间，就将这里的哺乳动物猎杀殆尽。

在斯特勒海牛曾经繁盛的北太平洋，斯特勒发现了另一种正受猎人威胁的海洋哺乳动物，并对该物种进行首次描述。俄罗斯猎人通常雇用当地的阿留申人追捕海獭，以得到它们奢华、珍贵的皮毛。从历史的角度来看，土著人的狩猎行为会导致物种周期性减少，但商业狩猎则会直接将从北到南的种群一网打尽。除了会致使物种基本灭绝，捕猎市场还会对海藻林生态系统造成级联效应。海胆是水獭最喜爱的食物，以海藻为食，但对水獭的猎杀使海胆数量激增，从而导致了海藻林的崩溃，进而又影响到依赖藻类生活的其他物种。

在不同的历史时期，世界各地的人们对海洋资源的利用，都实现了从生存性捕捞向商业性捕捞的转变。欧洲水域已遭到过度开发，但其他海洋依然还有无穷无尽的资源，在海洋自由逻辑思维的驱使下，出于对商业资本的渴求，产生了一种对当地资源连续耗竭式开采的模式，之后再转到新的地方猎杀和捕捞。在 18 世纪和 19 世纪，太平洋水域首次受到全球市场的刺激，猎取毛皮、捕鲸、捕海豹和捕鱼的行为，令这些动物从太平洋消失，并转化为商品在全球市场流通。

从 16 世纪到 18 世纪，海上贸易支撑着沿海国家和不断扩张的帝国。西班牙和葡萄牙从自身角度出发，曾试图使用军事力量和天主教会的权威，将其他国家排除在海洋贸易路线之外，荷兰和英国这两个海上大国利用海洋的方式，为自己和其他欧洲国家奉行海洋自由原则提供了便利。美洲及亚洲海外定居点和商业飞地的扩散，最终让人们认识到，海洋不是私人领地，而是所有人共同享有的领域。18 世纪，随着英国逐渐在全球占据主导地位，海洋自由学说在世界各地得到了应用或认可，即便是英国之前的欧洲竞争对手，也认识到捍卫海洋自由的益处。大多数国家（但不是所有国家）都接受了三海里领海的约定，这便是《闭海论》的残余影响。这个距离在大炮的射击范围之内，因此可以保卫海岸线的安全。但海洋自由理论也与妄自尊大的假设同时存在，比如有些人就认为，海洋及其资源应该被有知识和有能力对其探索的人利用。

贸易自由和海洋自由促使各国政府，尤其是北欧海洋大国在管理跨洋活动时，不能只考虑本国利益。历史学家乔伊斯·卓别林（Joyce Chaplin）认为，各国为控制海洋所做的最重要努力，就是开展了各自为政但又相互关联的工作，以解决无法测量经度这个棘手的问题，防止因无法确定船舶在海上的经度，导致航行时间延长、船员患上坏血病等情况出现。麦哲伦环球航行时，大多数船员的死因就是坏血病，现在，这种病被认为是缺乏维生素 C 引起的。当时，水手的主要症状是牙龈出血、牙齿脱落和创面不愈合，这些都是即将死于坏血病的前兆；不过，如能找到陆地和新鲜食物，病情可能会缓解或好转。欧洲人在探索太平洋的三百年中，一直无法找到有人居住的岛屿，也无法像在世界其他地方那样定居和控制太平洋，专家和水手在预防或治愈坏血病方面，也并未达成一致。欧洲的水手便像德雷克一样，选择突袭其他欧洲强国的前哨，或寻找当地居民的定居点，以此获得保持健康的东西。

弗朗西斯·培根在 1627 年出版的小说《新大西岛》（*New Atlantis*）中，虚构了一个患有坏血病的旅行者侥幸漂泊在太平洋上，并意外到达本塞勒姆岛（island of Bensalem）的故事。培根将他的乌托邦式国家放在了世界上最不为人知晓的地方。这个国家的建立是为了促进自然科学的发展，并将在掌握知识的基础上对其进行治理。欧洲人通过实验和理论尝试征服坏血病的漫长过程，反映了他们对太平洋的态度，那就是科学或许是成功的帝国控制的基础。在一定程度上讲，这是他们对太平洋提出的挑战，以及分析欧洲到此地的绝对距离后做出的务实回应——在 19 世纪以前，几乎所有重要的海军力量都不可能到达此处。直到 18 世纪末，英国海军才开始系统地使用柑橘汁来对抗坏血病，但在此之前并没有解决经度的问题，随着启蒙时代的到来，英国政府开始着力解决这一难题。

经度的故事与大英帝国的巩固相关联。1707 年，在英格兰和苏格兰建立大不列颠政治联盟后不久，政府提供了一笔巨额奖金，以鼓励经度的准确测量，也表明了这项挑战的重要意义。若想成功，必须找到一种方法来知晓当地时间，或用导航仪可以轻易地将已知确切坐标地点的时间测算出来，比如，格林尼治、英格兰，或其他当代竞争对手相对于本初子午线的位置，如里斯本、马德里、巴黎、布鲁塞尔、安特卫普和里约热内卢。在航海家能够精准确定经度之前，世界上大多数的主要航线就已经被发现。那时，欧洲人关于如何环太平洋航行的知识，主要依赖于土著人提供的信息，但往往也只能通过绑架来获得土著人的配合。约翰•哈里森（John Harrison）经过了几十年的研究和不断改进，提出了两种预期解决方案，最终，他发明的月球距离法航海精密计时器获得了成功，但直到 19 世纪，普通航海家才能负担得起这一航海仪器。

1772 年，詹姆斯•库克船长在其第二次太平洋探险时，带上了哈里森的第四代航海精密计时器的复制品进行测试。库克船长还带着丹皮尔的书，根据他绘制的信风、季节性季风和赤道洋流图，在丹皮尔造访澳大利亚 80 年后，也到达了这里。库克的航行，为随后由英国植物学家约瑟夫•班克斯（Joseph Banks）领导的航行，开创了科学探索的先河，这位植物学家也曾参与库克的第一次远征。班克斯也因此获得科学声誉，赢得了英国皇家学会（Royal Society）主席的选举，并担任该职位长达 41 年。班克斯掌舵以后，通过在皇家植物园邱园担任国王乔治三世的非正式顾问，精心组织了广泛的陆地、海洋科学收集及探险工作。他的竞争对手来自荷兰、法国、俄罗斯和其他国家，也包括年轻的美国派出的那些到地球遥远角落探索的科考队。

到 18 世纪末，陆地和海洋的概念已经发生改变。新世界曾被想象成岛屿；关于地平线上岛屿的故事和探险活动，鼓励着欧洲人勇敢地走出地中海，驶向辽阔的大西洋。海洋的发现刷新了人们对地球地理的理解，使大陆成为国家领土的主要单元。在世界上的大部分海岸和岛屿被欧洲人熟知并宣示主权后，大多数大陆的内部，尤其是非洲内部，依然在很长一段时间里没有人探索过。即便到了 20 世纪，人类在穿越海洋方面已经有了新的技术，但沿海航行仍然是海上航行的主要部分。

当地球被广大的陆地所定义时，在制图师、诗人和风景画家们的眼中，海洋仍处于人类活动的空白区，对全球帝国主义扩张的意义比以往任何时候都更为重要。在乔治 • 戈登 • 拜伦勋爵（George Gordon Byron）的笔下，大海不再只是水手故事中的背景，而是一个崇高而浪漫的所在。他曾写道：

> 翻涌吧，深蓝的大海——尽情翻涌吧！
> 纵使千帆驶过，也未能留下一丝痕迹。[7]

19 世纪上半叶，著名画家约瑟夫 • 玛罗德 • 威廉 • 特纳（J. M. W. Turner）的绘画向人们表明，海洋已成为自然环境的重要组成部分。塞缪尔 • 泰勒 • 柯勒律治（Samuel Taylor Coleridge）在《古舟子咏》（*Rime of the Ancient Mariner*，1798）则描述了一个充满各种神奇生物和力量的海洋。诗歌和艺术作品中充满了对海洋的想象，但就本质而言，海洋其实只是历史变化的产物。

地图上的海洋属于人类认知的空白区域，吸引了各类科学研究。全球潮汐研究、地磁调查、气象观测和水深测量等研究，用成果逐渐填补了海洋研究的空白。正如历史学家纳塔沙 • 阿达莫夫斯基（Natascha Adamowsky）所言，航海家的实际需求，激发了科学家对海洋的探索兴趣，而自然哲学家对海洋了解得越多，就越能体会到海洋的神秘与奇妙。[8]来自西印度洋的海百合纲和菊石纲生物标本，标志着人们首次发现了以前只以化石形式存在的海洋物种，从而引发了人们的猜测——或许地质学家在岩石中发现的那些原始生命，可能仍然生活在海洋之中。发光的海洋生物，一直为渔民、水手和沿海居民所熟知，并不是什么神秘的存在，而当自然哲学家开始了解海洋时，这些生物却大大激发了他们的研究兴趣。

同样，海怪多次出现在人们视野中，说明它们也不愿意从地球上消失。1639 年，一条海蛇出现在新大陆的安角（Cape Ann）附近；1775 年，一位挪威主教在他所著的挪威自然史中，也记载了这样一条身形似蛇的海怪；1817 年和 1819 年，一条特别“爱出风头”的海蛇先后两次出现在英国的格洛斯特（Gloucester），其中一次竟有超 300 名目击者一睹了它的风采。人们无法解释，为何进行大力追捕却依然不见这只怪物的踪影，而许多其他的海怪已被解释为人们对真实海洋生物的误解。威廉•胡克（William Hooker）是英国皇家植物园邱园的园长，也是著名植物学家约瑟夫•胡克的父亲。约瑟夫•胡克是达尔文理论的探索者和捍卫者，认为海蛇的存在是真实和可能的，其他严谨的科学家也赞同这一观点。19 世纪中叶移居美国的著名瑞士鱼类学家路易斯•阿加西（Louis Agassiz）表示，他“不再怀疑鱼龙和蛇颈龙等大型海洋爬行动物的存在”。[9]由于没有捕捉到任何标本，自然学家并不能识别或是解开这些目击者的谜题，而其中一些目击事件，甚至还是由受人尊敬且颇有名望的观察员报道的。1848 年，在南大西洋上发生了一起由可靠证人目击的类似格洛斯特海蛇出现的事件，当时，英国皇家海军“代达罗斯号”的船长和军官们看到一只长约 18 米的深棕色生物在船附近游动了大约 20 分钟。当然，船员们看到的究竟是什么，依然是个谜。

1848 年 8 月，英国皇家海军“代达罗斯号”（Daedalus）船长和军官看到一条海蛇在船附近游荡 20 分钟。这则报道在大西洋两岸引起了轰动。

随着海洋贸易的扩大，各国政府不断加强对海洋贸易活动的保护，尽可能避免存在于自然世界中的威胁，这让人们希望更加深入地了解海洋。18 世纪末，英国政府成立水文局，以为其提供可靠的航海图，而在此之前，这些图只能向竞争对手荷兰和法国索取。在 19 世纪 30 年代和 40 年代，美国也对促进海上贸易的机构进行投资，政府对海洋事务的资助中，还包含一些以完善海洋知识为目的的早期国家科学基金项目。另有法国水文服务局、美国海军天文台和荷兰皇家气象研究所等机构，也从最初的信息交换所转变为专业的研究和发展机构。

这些机构最具影响力的产品便是航海图、潮汐表和航行方向仪等工具，促使海洋知识从经验丰富的水手和科学家那里，经过出版商，传到充当帝国代理人的船长手中。例如，长期担任英国水文局局长的弗朗西斯·蒲福（Francis Beaufort），曾大力推广以其名字命名的风力等级表。该表将疾风骤雨和风平浪静的描述，转化为一个让航海员易于交流、直观量化的标准，以便对全球和跨时间的风力观测结果进行比较。国家利用新知识对海洋进行一定程度的控制，不是直接行使政治权力，而是利用海洋构建全球贸易航线网络，将殖民地和原材料与本国工业市场绑在一起。

政府对科学的支持以及对海洋的研究，共同孕育出帝国主义。事实上，“科学家”这个词就是物理学家威廉·惠威尔（William Whewell）在研究全球潮汐时创造的。西方帝国主义政权对海洋的理解和利用，提高了科学的社会地位。反之，科学家通过测量和记录海洋的物理特征、解释海洋规律、绘制图表等其他表现形式对海洋进行定义，导致海洋最终被用于了帝国主义势力的扩张。

从 15 世纪开始，欧洲海上强国找到了世界上所有海洋之间的航线。现在想来，世界各地的人们与邻近海洋之间的漫长故事，似乎是海洋探索给人类世界带来巨大变化的序幕。海洋长期被用于开展贸易、捕捞作业和发动战争，促使人类对其利用的规模更大、范围更广。16 世纪和 17 世纪的地图和书籍，均揭示了一种共同的文化观念，认为海洋是人类活动的场所。海员、政府官员和那些航海故事的读者均认为，海洋是一个充满海风、气象和洋流的地方，对航行构成了挑战；与此同时，它还深藏着宝贵的资源和神秘而未知的事物。南欧强国对海上航线提出了主权要求，北方邻国也不甘落后，而对自由贸易的捍卫，也最终让他们接受了海洋自由论。科学革命加强了人们对经验知识的依赖，使他们不再迷信古代神话和传说。随着知识的积累，海洋传统用途的规模和范围逐步扩大。支持贸易和殖民的国家，纷纷采取措施保护和促进势力扩张，其中就包括资助科学创新发展。从海上工作中获得的海洋知识，与现代科学产生的新知识不断结合。传统的海洋经验和对海洋的新认识，将海怪驱逐到已知世界的边缘，也为地图上留下了空白的海洋空间，用来向帝国代理人传递有用的信息。科学作为一种控制海洋的工具，加入到战争之中，使海洋能被任何有效控制海风、洋流和等深线的力量所利用。海洋自由召唤着拥有这些基础设施的欧洲强国了解和利用公海，并越来越多地涉足深海领域。虽然知识无疑让西方国家为了投射权力而利用海洋，但充满野心和欲望的想象，同样与科学、帝国主义和海洋这些元素紧密相连。19 世纪，人们的想象力继续激发其探索海洋的新用途，将所有的海洋乃至大洋深处，无不纳入了人类活动的范围之内。

| 第四章 |

海之探测

你是辉煌宝鉴；全能上帝的威容，赫然呈现于镜面，

当狂风暴雨交加，或在任何时候：

不管你安静还是躁动——

在飓风中，在暴雨下，或被微风吹拂，

在北极，或冰封千里，或浊浪排空，

在热带，你无边无际，无穷无尽，庄严神圣。

你是“永恒”的肖像，神的宝座。

你的领地龙腾四海，万国九州臣服于你；

你永远令人敬畏，你孤独寂寞，渊深无底。

——乔治·戈登·拜伦勋爵，《恰尔德·哈罗尔德游记》（*Childe Harold's Pilgrimage*），第四章（1818）

19 世纪，对海洋纵深的探索标志着人类开始全方位发展与海洋的关系，这其中就包括前往最偏远的海域和以往无法到达的地区。海洋本身是一个充满挑战的地方：海水并非清澈见底，人们无法一眼将其望穿，纵使千帆驶过，也留不下一丝痕迹，茫茫大海无边无际，仿佛没有尽头……海的这些特性深刻地指引并限制了人们对海洋知识的积累。从历史角度分析，水手、航海家和渔民之所以熟悉海洋，得益于他们的日常工作、所使用的可以信赖的工具，还有那些世代相传、来之不易的知识。19 世纪，工业化发展将蔚蓝的大海打造成了人类全新的工作场所，诸如捕鱼、贸易、移民和旅行等海洋的传统用途，也一并得到加强。

公海和深海新用途的涌现，推动海员远离常规的航线和熟悉的渔场。海岸附近鲸数量的减少，迫使捕鲸者踏上新的征程，远赴深海追寻抹香鲸的踪迹。捕鲸者的故事引发了人们的思考：深海环境究竟是怎样的？那里是否存在生命？海员们纷纷来到这片此前从未驻留过的区域探险，而这一切又激发了作家的灵感，吸引了读者的关注。短距离海底电缆的成功铺设刺激了工程师、企业家和政治家的野心，让他们开始构思搭建跨洋电缆。海洋的新用途让传统海洋运输业和渔业悄然失色，但同时也对海洋知识提出了前所未有的要求，并促进各国政府不断加强海洋研究。20 世纪以前，人们一直从传统海上作业和现代科学两个方面运用技术、技能和知识体系间接地了解海洋，扩展对海洋认知的深度与广度。

与海上作业规模的扩大相比，海滨休闲和海上娱乐的创新则更具革命性。海滨度假、帆船运动和公共水族馆，为人们亲近海洋提供了新的途径，这些活动不仅有益身心，而且极具社会吸引力。19 世纪，人们对海洋的探索已扩展到私人空间，这段时期，许多家庭会去海边收集贝壳、捡拾海藻，甚至在家中安置水族箱用于日常观赏，或阅读与海洋相关的书籍。自那时起，海洋不但具有重要的、全新的政治经济意义，还获得了巨大的文化共识，乃至个人的情感共鸣。

19 世纪以前，航海家们更关心的是如何避免船只搁浅，而非海洋的精确深度，于是，他们就对靠近陆地的水域进行仔细的测量。1823 年的《大英百科全书》中有着这样对“海”的描述：“如果没有超过特定深度的探测仪器，海洋深度将无法测量。”[1] 标准的导航探测设备最多只能探测至 100 英寻（182.88 米）的深度，就算是探险家也只能测量到 200 英寻（365.76 米）左右，不可探测的水域是指水深足够深，不需要航海家担心航行安全的水域。这是因为人们不能保证向深水中抛掷诸如探测仪这样的物体时，一定就能触及海底。当时的水手和一些科学家认为，水是具有压缩性的，它的密度可能会随着深度的增加而变大。如果是这样，那么该物体便会悬浮在与某一水密度相匹配的深度。19 世纪中后期的报告记录下了水手们当年的恐惧，他们担心海底电缆或沉入海底的船友们的遗体，可能会恒久地漂浮在所谓的等密度“水平面”上。

相对于地中海航行，北欧航海从一开始就有一个明显特征：依赖于对海水深度的探测。通常情况下，地中海的领航员无须测量水深，因为地中海的海盆与海岸坡降较大，浅水清澈，雾气稀薄。反观大西洋，这里的海底倾斜度变化大，又时常雾气迷茫，海水的透明度也不好，这让北欧人不得不开始认真对待海洋的第三维度。大西洋上的水手意识到，一旦航船驶过 100 英寻标识的海域，海水就会急剧变深，此处现在被认为是大陆架的外缘，因此，驶进海港的航船会定时鸣笛，以确定正在靠近的海岸。航海员还会在测深仪的铅锤上涂抹油脂或其他黏稠柔软的物质，以摄取海底的沉淀物颗粒，并将这些颗粒与在不同港口和海岸发现的沉积物进行比对，从而确定船只的实际位置。

海水深度的传统测量单位是英寻。1 英寻约为 1.8 米，相当于一名成年男子展开双臂的长度。为了探测水体的深度，航海家会从船上抛下测深用的铅块，并不断释放引线，直到引线的下沉速度减慢或停止，这便是铅块到达海底的信号。然后，再将铅块拉上来，从触底时线上的这一点开始测量，以人体臂展的长度为参考，数出触底的引线有多少英寻。即使在较浅的水域，辨别铅块触底的那一刻也需要一定技巧，例如，在测深时需要将船头的引线向前抛掷，以保证引线直上直下，确保当船驶到触点附近时，能更精确地测出海水的深度。

人体和测量单位之间的密切联系，反映了航海家对海洋最原始的理解，而这正是普通水手所不具备的。在鲁德亚德·吉卜林（Rudyard Kipling）的小说《勇敢的船长》（*Captains Courageous*，1897）中，迪斯科·杜鲁普船长（Captain Disko Troop）被誉为最出色的渔夫和航海家，他之所以在舰队中声名赫赫，原因一定程度上就在于他能通过触觉、嗅觉和味觉分辨出被探测的海底沉淀物，并判定帆船在大浅滩上所处的位置。他手下的一位船员汤姆·普拉特（Tom Platt）在投掷引线方面天赋异禀，而在书中，年轻的主人公哈维（Harvey）对这一技能的掌握，同样标志着他已从一个普通水手逐渐成长为未来的航海家。

航海家和水手掌握的知识有助于海洋航线的建立，水手的技能又激发了人们对海洋全方位的探索。擅长探测的大西洋水手，将这种宝贵的技能和良好的习惯应用在了对未知水域的探索中。捕鲸者也是探索未知海域的先锋。直到 19 世纪初，大多数的捕鲸活动都还建立在陆地捕杀的基础上。露脊鲸成为猎手们的首选，这种鲸喜欢在海岸附近游动，且产油量大，死后还会漂浮在海面，因而得名“right whale”（意为“适合捕猎的鲸”）。随着陆地附近鲸数量的减少，捕鲸者登上大船前往更远的海域探险。鲸油提炼炉是一种安置在海船上用于提炼鲸脂的船用熔炉，它的引入切断了捕鲸船与陆地的联系，并推动船只驶向商人和航海家曾试图通过但却从未到达的公海。

例如，在科学界提出墨西哥湾流之谜以前，美国捕鲸船的船长就对这一现象早已了然于胸。本杰明·富兰克林担任美国殖民地邮政局副局长时，一直试图解开这个谜题——为什么从英格兰到美国殖民地的北线邮船，要比从南路航行的邮船多花数周的时间才能通过墨西哥湾？富兰克林的堂兄蒂莫西·福尔杰（Timothy Folger）是楠塔基特（Nantucket，位于美国马萨诸塞州南部）的一位船长，他恰巧知道这个问题的答案。穿梭于大西洋各处的美国捕鲸者发现，鲸的活动会避开某些海域，他们还注意到，这些地区的海水颜色和温度与周围水域有所不同，商船船长自然不会注意到这些细节。但当科学家开始对该现象进行调查研究时，捕鲸者留存的详细记录便为科学家的研究提供了可用信息。富兰克林以福尔杰绘制的一张草图为基础，创作并出版了包括 1786 年版本在内的一系列墨西哥湾流图，这些图几乎是 1832 年之前所有墨西哥湾流图的基础。

捕鲸者在陌生的海域穿梭，一个新的鲸种——抹香鲸，引来了他们的追逐，这一新物种的习性将捕鲸者引领到大海深处一探究竟。捕鲸者将目光转向抹香鲸，一方面是由于其他鲸的数量在减少，另一方面则是因为抹香鲸鲸脂所产的鲸油质量上乘，是工厂机器设备润滑剂的不二之选。人们还从抹香鲸的头腔中提取出一种叫作鲸蜡的物质，用于制作明亮的无烟蜡烛。而抹香鲸肠道中的龙涎香，则可用作香水定香剂。抹香鲸与露脊鲸的共同特点是游速缓慢，足以让划着木制捕鲸船的人类赶上并捕杀，这两种鲸死后尸体都会漂浮在海面上。不过，抹香鲸以生活在深海的巨型乌贼为食，因此能下潜到很深的地方，即使有时被捕鲸船的鱼叉击中，也能下潜很深。

人们对抹香鲸的趣闻津津乐道，互相传颂着这种生物如何能在水下潜伏数个小时，以及下潜至多么惊人的深度。当时的科研专家认为，300 英寻深的海底不可能有生命存在，然而，捕鲸者有时却不得不将几根 200 英寻或更长的鱼线接在一起，防止被鱼叉击中的抹香鲸俯冲深海，逃之夭夭。一些受过教育的捕鲸者和科学家通过海员搜集的信息，让这些奇闻逸事逐渐走进了人们的视野。1820 年，英国捕鲸船船长威廉•斯科斯比（William Scorseby）出版了备受推崇的《北方捕鲸业》（*The Northern Whale Fishery*）一书，为人们了解鲸和开展北冰洋狩猎活动做出了重大贡献。

人们曾在太平洋发现了一头被杀死的鲸，而它的身上竟插着一柄大西洋渔船的鱼叉。诸如此类的海上故事，为寻找西北航道（Northwest Passage，大西洋和太平洋之间的最短航道）的探险活动提供了论据，并引起主要海洋国家探险活动策划者的注意。例如，由查尔斯•威尔克斯（Charles Wilkes）指挥的美国探险远征队（1838 年至 1842 年）和鲜为人知的北太平洋探险远征队（1853 年至 1856 年），其组织者都曾向熟悉太平洋水域和岛屿的捕鲸船船长咨询海洋信息。

船长们认为，应该对海床进行研究，以支持捕鲸业的发展。在他们看来，渔民可以利用他们对海底的了解寻找富饶的渔场。美国水道测量家、海军军官马修•方丹•莫里（Matthew Fontaine Maury）曾试图说服约翰•罗杰斯（John Rodgers）中尉，将海底调查作为北太平洋探险的一部分。正如富兰克林曾做过的那样，莫里弥合了海洋实干家与绅士派科学家之间的鸿沟，严肃地对待从捕鲸者和水手那里掌握的信息，并将这些海上故事写进自己的《风向和洋流图的注解与航海指南》（*Explanations and Sailing Directions to Accompany the Wind and Current Charts*，自1851年至1859年，共出版了8版）系列中。莫里因在风向和海流方面的成就，以及促进国际气象合作方面的贡献而闻名于世。在担任美国海军气象天文台台长期间，他还从航海日志上摘录了有关鲸踪迹和猎杀鲸的信息，然后加以汇编，以期创造出类似于风向图、潮汐图那样有利于航海活动的工具，为航海家缩短航程和时间。

毫无疑问，莫里推动了航海事业的发展，为了方便使用者，莫里积极收集海洋信息，并以图表的形式展现出来。当然，并不是只有他一人做过这样的努力。普鲁士探险家、博物学家亚历山大•冯•洪堡（Alexander von Humboldt）的自然地理学著作，给予了莫里很大的启发。洪堡以其对南美和非洲大陆的游历及相关著述而声名远扬。他对海洋、洋流以及其他方面的物理特征，乃至环境对动植物分布的影响等兴趣浓厚，这些激发了他的探索热情。洪堡提出的有机体与物质世界相互联系的观点，激励了许多自然哲学家开始在世界范围内收集数据，而海洋似乎非常适合这种研究方法。莫里除了在海洋风向、洋流、气象观测和鲸分布等直接支持海运业的研究方面功勋卓著，1855年，他还出版了《关于海洋的物理地理学》（*The Physical Geography of the Sea*），反映了他想做出持久的学术贡献、不断增加实践知识，并向洪堡致敬的雄心壮志。

19 世纪，正如全球贸易那般，最显著以及最新颖的海洋用途，在很大程度上依赖于海洋自由。如果说对抹香鲸的捕杀激发了人们对海洋深处的好奇之心，那么，海底电缆则推动了人们对深海的真正探索。早期的公海测深收效甚微，例如，1817 年至 1818 年，约翰•罗斯爵士（Sir John Ross）在前往巴芬湾（Baffin Bay）途中进行的尝试，以及查尔斯•威尔克斯领导美国探险队在南极水域开展的探测，结果都不尽如人意。1840 年北极探险期间，罗斯的侄子詹姆斯•克拉克•罗斯爵士（Sir James Clark Ross），完成了当时深度最大的探测。海底电缆的发展前景，促使深海探测从一项偶发性的测量实验，演变为政府水道测量员的职责，并最终成为电缆公司职员的日常工作。

在工业革命的推动下，海洋测绘事业与蓬勃发展的海洋商业齐头并进。大多数水道测量员自然而然地将注意力集中在早期航线的海岸线、港口和登陆方法等问题上。不再依赖风力航行的蒸汽船，为航海事业带来了革命性的变化，进而所产生的新直达航线，又对海洋知识提出了新要求。19 世纪 40 年代末，莫里积极利用科学手段改善海上航行，将实验范围扩展到深海探测领域，并将蒸汽船定期往来的航线作为探测重点。莫里将他对海洋自然地理科学的好奇之心融入自己的实践中，并受洪堡启发，对水手报告里所提到的那些浅滩上的深水处进行了查证，如果报道失实，便会将这些不正确的标注删去。水手们对最新航海图的准确性充满信心，在已探明的深水领域高速前进。

在莫里的指导下，海军的军官经过 3 年的努力，于 1853 年绘制出第一张北大西洋海盆等深线图。基于对大约 90 个水深点的探测，这张图中标记出 1000、2000、3000、4000……甚至更多英寻的等深线阴影部分，这次测量只通过简单的技术和传统测深法完成。最初，测量员们简单地把一包绳子绑在一个炮弹上，再将炮弹投入水中，通过炮弹的轻重变化来判断绳子是否已经到达海底，然后量出绳子抛出的长度。在测量结束后，他们会剪断绳子，继续航行。后来，一位莫里训练出的年轻中尉做了一个巧妙的革新，使探测设备能从深海中取回少量沉淀物的样本。在确认该装置已触到海底的前提下，船上人员还需要收回该装置。1855 年，莫里绘制了一版新的等深线图，该图包括了 189 个水深点，探测数量是最初版本的 3 倍。

莫里的航海图中包括对欧洲和北美之间一条蒸汽船航线上不同水深点的探测结果，这条备受青睐的航线位于信风带北部（帆船的航行长期依赖于信风），并在大西洋海底电缆的设定路线附近。海底电缆项目的推动者希望，从爱尔兰到纽芬兰的海底电缆能靠近大圆航线，或者沿着横渡大西洋的最短距离铺设。或许，莫里在测深工作之初并不知道大西洋电缆项目，但该项目的推进在实际中却加快了海底研究进程。

莫里的等深图是史上第一幅此类海盆比例尺图，吸引了水手和科学家的关注，而他所绘的其他海底图像也为普通人所接受。著名的“电报高原图”（Telegraph Plateau）向人们展示了一个巧合的场景：莫里的水道测量员恰好在企业家心仪之处，偶然发现了适宜铺设电缆的海底特征。这片隐藏在 2000 英寻深水下的平坦高原位于大圆航线的附近，是新旧大陆之间最短的航线。这幅图通过展示高原南端一个高低起伏、令人生畏的海床，揭示了一个普遍的认知，即这个平坦的高原在崎岖不平的海底出现是一个神造的意外。该图和其他海底生物的图片，一起被刊登在报纸和画报的头版，这些在海底软泥中发现的不具威胁性的硅藻以及其他微生物，证明了海洋成为电缆基地的合理性。

19 世纪 50 年代初，莫里手下的美国人以及美国海岸勘探局的工作人员，在深海探测活动中最为踊跃。1854 年，克里米亚战争的结束释放了英国的深海资源。此后，深海测量技术在英国舰船上得到普及，进而反映出英国积极参与跨大西洋电缆铺设的渴望。在该项目执行的几十年中，主要负责人一直是美国人赛勒斯 • 韦斯特 • 菲尔德（Cyrus W. Field）。1857 年和 1858 年的一系列尝试，美英两国都参与其中，电缆虽曾被短暂接通，但均因电力故障而最终失败。美国内战也是导致这场试验失败的部分原因，直至十多年后，该项目才启动了第二轮尝试。1866 年，当时体积最大的轮船“大东方号”（Great Eastern，长 211 米）成功铺设了一根电缆，并设法找到了一年前断裂的电缆。

陆地上的人们将大西洋电缆誉为世界第八大奇迹，并将其视为一场保卫世界和平的通信革命。人们沿着电缆的铺设路线进行

《世界第八大奇迹》（*The Eighth Wonder of the World*）的石版画，此图描绘的是 1866 年大西洋电缆的寓言故事场景。

探测，并将洋底设想为放置电缆的安全场所，这种对深海文化的探索远远超出了海军制图员、企业家和工程师在办公桌上的工作范畴。报纸上关于海底电缆的消息以及铺设航程的叙述，在维多利亚时代的家庭中找到了读者群，人们的钢琴谱架上也许会摆放着《大西洋电报波尔卡舞曲》或《海洋电报进行曲》的乐谱，以祝福电缆的铺设或其海洋深处的电缆之家。为了纪念赛勒斯·菲尔德，家庭女主人或许会制作一瓶"海洋喷雾"香水，并在《哈珀斯周刊》（*Harper's Weekly*）[2] 上刊登广告。蒂凡尼珠宝公司曾买进了一段长达 32 千米（20 英里）的剩余电缆，并制作成 50 件纪念品，有意者可以购买其中一件。部分电缆还被用来制作伞柄、手杖和表带。菲尔德就为自己做了一根表带，还在上面镶嵌了一些珍贵的深海沉积物[3]。跨大西洋电缆的惊人成就，将海底世界带到了寻常百姓的内心和日常生活之中。

尽管大西洋海底电缆为人们揭开了大洋深处的一些奥秘，但对许多人来说，海洋探索仍是从海岸开始，而在那里，人们对海滩度假燃起的新热情，刺激了针对海洋生物的科学研究。海滩并不总像现在这样吸引人们蜂拥而至。穷人在海边捡拾海草，搜寻被冲上岸的可用物件。有人说，一些打捞船为了获取从失事船只中冲上岸的漂浮货物，故意用灯光引诱船只搁浅，一时间流言四起。在人们进行海洋文化探索之前，海滨总是与食人族、叛乱分子和海难受害者相联系。丹尼尔·笛福笔下的鲁宾孙·克鲁索很少冒险前往海滩，他更愿待在安全的内陆。海岸对稍有地位的人来说，似乎成了禁忌之地。

海岸的复兴涉及身心两个方面。从 18 世纪中叶开始，欧洲上流社会的青年就在前往荷兰的环欧旅行中，目睹了曾经只在荷兰海景画中看到的风景。他们在浪漫主义中苦苦挣扎，寻求由极度平静的海面或是极致猛烈的海浪带来的崇高艺术气息。浪漫主义艺术家将海岸当作一处沉思的理想之地，在这里，海洋和心灵深处的联系可能会引发对自我的认知。至少在那些新发现的海滨周围，有益健康的海水和清新宜人的空气，对人们存在着莫大的吸引力。出于对健康和社交的诉求，人们将对内陆温泉的热衷，逐渐转变为一边在北欧海岸的冷水中沐浴，一边呼吸海洋空气的热潮。最先去海滩冒险的是贵族人士，随后，海滨度假胜地的社会效应吸引了上层社会和中产阶级。美国人对海滩的探索比欧洲人晚了大约十年。管理严格的水疗法有望治愈忧郁、焦虑和脾脏疾病。沐浴者为了战胜疾病忍受着对大海的恐惧，但自相矛盾的是，在治疗疾病的借口掩饰下，他们居然感受到了身体上的快乐。到 19 世纪 40 年代，随着铁路从城市延伸到海岸，几乎所有人都能实现一次偶尔的海滩一日游，这为西方城市里的人们建立起了人与海滩之间的联系，而这种联系一直延续至今。

维多利亚时代的人适时地寻求着身体感官上的愉悦以及上流社会道德间的平衡。在他们的眼中，海滩是了解自然奇观的一扇大门。海边的悬崖为观察者提供了一个观测深邃时空的三维视角，而观察者在此同样领会到了地质学家对地球史的新认知。游客面对着波涛起伏的海浪和遥不可及的地平线开始思索，想象着在漫长的地质年代中，到底是怎样的自然力量塑造了眼前的海岸、沙石和悬崖。

海浪将奇珍异宝从幽暗深邃的大海深处冲上海岸，抛到流浪汉的脚下，他们冒着风险离开栈桥和望台，来到沙滩上寻宝。美丽的贝壳一直是 18 世纪珍奇柜中的藏品，但海滩假日的流行，将自然史的范畴从贝壳扩展到了所有海洋动植物。中产阶级的度假者在海岸线上寻寻觅觅，发现了海藻、贝壳、海洋生物及其遗骸。为了能了解更多，他们翻阅了很多有关海洋自然史方面的通俗读物，其中包括宗教博物学家、科普作家菲利普·亨利·戈斯（Philip Henry Gosse）的作品，比如，1844 年出版的《海洋》（*The Ocean*）和 1853 年出版的《德文郡海岸上的博物学家漫谈》（*A Naturalist's Rambles on the Devonshire Coast*），书中将海洋生物比作上帝创世的标志，描绘了丰富多彩的海洋生物。英国国教牧师、剑桥大学教授查尔斯·金斯莱（Charles Kingsley）是进化论的坚定支持者，他创作了一部海洋自然史书籍《海滨奇观》（*Glaucus: or, The Wonders of the Shore*，1855），此前，他还曾写过一部轻松愉快、深受读者喜爱的儿童读物《水孩子》（*The Water Babies*，1863），该书讲述了一个扫烟囱的年轻人，由于道德和社会的因素变成了一个“水孩子”的故事。美国教育家伊丽莎白·卡伯特·阿格西（Elizabeth Cary Agassiz）是著名动物学家路易斯·阿格西（Louis Agassiz）的妻子，同时也是一位科学教育的倡导者。1865 年，伊丽莎白与其继子亚历山大（Alexander）合著了《海滨自然历史研究》（*Seaside Studies in Natural-History*），而亚历山大后来也成为一位著名的海洋科学家，并发明了新的深海取样方法。

了解海洋自然史是男女老少尽情享受海滩乐趣的理由，海滨度假也吸引了女性对该领域的科学研究。玛格丽特·盖蒂（Margaret Gatty）对藻类学的贡献，使其获得了同行领军人物的认可与赞赏。在生完第七个孩子后，盖蒂身体虚弱并患上了支气管疾病，在沿海城镇黑斯廷斯（Hastings）休养时，她开始研究海藻。静养期间，她靠阅读威廉·哈维（William Harvey）的《大英植物志》（*Phycologia Britannica*，1846—1851）打发时光，随后开始在海滩漫步，寻觅海藻。盖蒂带着对海藻研究的满腔热情回到了家乡，开始撰写自然史方面的书籍，最终在 1863 年出版了著作《英国海藻》（*British Seaweeds*）。盖蒂甚至召集了所有家庭成员帮自己收集标本，将海滩度假过成了不同寻常的标本采集生活。

当盖蒂及其家人比大多数人更认真地研究海洋自然史时，许多中产阶级家庭也加入到他们的行列中，寻求合乎道德标准的休闲活动。随着集科学性和娱乐性为一体的水族箱的发明，许多家庭都可以在家中看到鲜活的海洋生物，培养新的海洋爱好。到 19 世纪 50 年代中期，伦敦已有两家活体动物供应商和一个公共水族馆。戈斯后来出版了一部颇受欢迎的海洋自然史著作《水族馆》（*The Aquarium: An Unveiling of the Wonders of the Deep Sea*，1854）。在 20 年的时间里，英国开设了大约 12 个公共水

喷泉水族箱，19 世纪中叶水族箱的热潮达到了顶峰，它是众多家养海洋动物的流行观赏方式之一。

族馆，欧洲的每个主要城市也都拥有一家公共水族馆。就像当初海滩度假那样，这一次，美国人也很快爱上了让欧洲人痴迷的水族馆。戈斯的儿子埃德蒙（Edmund）曾在报告中写道，父亲意识到一支自然历史收藏家的大军“洗劫”了英国多石海滩的每一个角落后，感到非常懊悔。[4]

虽然风暴过后，沙滩漫步者偶然会拾到被冲上岸的动植物珍宝，但严谨的海洋自然史研究还是要借助航船。英国地质学家和动物学家爱德华·福布斯（Edward Forbes）成长于曼岛（Isle of Man）的一个海洋社区，在19世纪30年代和40年代，他在推动英国科学界自然史的打捞研究方面发挥了关键作用。1831年，福布斯来到爱丁堡大学学医，并与一群教授和学生积极开展野外实地考察，为自然史研究收集资料。由于福布斯的父亲在当地从事渔业工作，因此，他对船桨和牡蛎采捞机十分熟悉，他的海上经验为实地考察团队在租用打捞船和划艇方面贡献颇大。在他的同伴中，一位名叫查尔斯·达尔文的新人水手带着新的打捞经验登上了英国皇家海军“小猎犬号”；另一位乔治·约翰斯顿（George Johnston）是一位医生，同时也是诺森伯兰郡（Northumberland）海洋动物学的积极倡导者，并创立了贝里克郡博物学家俱乐部（Berwickshire Naturalists' Club）。

自然历史俱乐部为海洋科学的发展提供了一个交流和讨论的平台，同时，他们还组织了多次大型打捞活动，其规模远非个人收藏家所能匹敌。当铁路铺设到海岸附近时，人类社会生活更广泛地深入到了海滨地带，人们在使用采捞船时发现，游艇可以从更深的水域收集海洋生物。

皇家游艇中队在考斯市（Cowes）举行的赛船会传统，促进了海洋科学的发展，但这场赛事并非简单的社会提升赛或午餐派对。相反，游艇的巡航提供了一个上流社会的海洋世界，将海洋博物学家从社会的中心，带到了动物种类丰富，但通常难以到达的地区，激发他们亲自前往一探究竟。与租来的渔船相比，游艇给博物学家带来了更舒适的体验，让其在选择打捞地点和试验设备方面，有了更大的自主权。

游艇还让女性从事海上科学研究成为可能，她们被许多自然历史俱乐部吸收为会员，受到各种游艇巡游活动的欢迎，而这些活动往往科研与社交二者兼具。1871 年，英国科学促进会（British Association for the Advancement of Science）在爱丁堡开启了一次打捞之旅，包括女性在内的大约 60 名成员参与了此次活动。两年后，位于内陆的伯明翰自然历史俱乐部（Birmingham Natural History Club）组织了一次为期一周的访问，搭乘租用的“红宝石号”（Ruby）游艇前往泰格茅斯（Teignmouth）进行打捞。女性的参与使假日出游活动更具社交性，这可以通过会员们决定每年组织一次出游活动来证明，“特别是当女士们首次被接纳为会员的时候”。[5]

尽管海洋学家和大多数历史学家认为，海洋科学领域从一开始就由男性主宰，但还有一种观点认为，在 19 世纪，为海洋科学研究做出贡献的并不只有当时的水道测量员和渔民，还包括热衷参与划船和游艇活动的人群。前往海滩度假的人当中不乏海洋知识的业余爱好者，其中就包括妇女和儿童，他们与专业科学家共同谱写着海洋自然史篇章。19 世纪中后期，当科学成为一个专业领域后，专家开始掌控大学、博物馆和其他重要机构，并对业余爱好者的努力不屑一顾。造成这种局面的主要原因可能与 19 世纪 70 年代著名的皇家海军“挑战者号”（Challenger）的航行有关。

一直以来，“挑战者号”的环球航行（1872—1876）都被视为海洋学的基石，但事实上，它代表着科学界对海洋的兴趣达到了顶峰。1866 年，跨大西洋电缆的成功铺设，证明了海底电缆的合理性，推动了海底调查工作的展开，也提高了政府资助的意愿。博物学家们起初在海岸上采集标本，而后便踏上划艇和游艇到海洋深处探索，他们想了解海洋生物的分布规律，希望确定海洋最深处是否有生命存在。根据在地中海的打捞工作，福布斯得出结论，300 英寻深的水下没有生命存在。1854 年，39 岁的他英年早逝。此后，福布斯曾帮助过的博物学家乘着打捞船开始更深入地取样，继续寻找海洋生物。1860 年，一根断裂的海底电缆从布满陌生海洋生物的 1000 英寻海洋深处被戏剧性地打捞上来，将学术辩论再次推到了聚光灯下。

与英国皇家学会关系紧密的自然探索打捞队认识到，水道测量员和海军测量船船员的专业知识，对深海航行有着莫大的助益，打捞队游说政府帮助他们在深海部署打捞船。19 世纪 60 年代，在英国皇家学会的要求下，英国海军部同意提供船只，进行一系列的夏季考察活动，以探测超过几百英寻深度取样的可行性。皇家海军“闪电号”（Lightning，1868）和“豪猪号”（Porcupine，1869—1870）上的科学家发现，即使在深度达2000多英寻的深海，他们所观察到的每一个地方依然有生命存在。这场关于生命是否存在于大海极深处的辩论，演变为关于深海生命性质等更多方面的探讨。观察家饶有兴趣地注意到，在几百英寻深处发现了一些曾经只是以化石形式存在的生命形态。1866 年，挪威博物学家耶奥格 • 萨尔斯（Georg Ossian Sars）在罗浮敦群岛（Lofoten）附近打捞时，在 300 英寻深处发现了一个海百合纲生物。萨尔斯和他曾咨询过的博物学家，都很熟悉沿海地区的海百合纲生物，但萨尔斯发现的生物却近似化石中的海百合纲。“挑战者号”的一位英国首席科学家专程前往挪威观看这些珍贵的标本。这一发现和随后的类似发现表明，海洋深处可能隐藏着许多“活化石”。

托马斯 • 亨利 • 赫胥黎（Thomas Henry Huxley）是进化论的

拥护者，人称“达尔文的斗犬”，他以外科医生和博物学家的身份，登上了英国皇家海军“响尾蛇号”（Rattlesnake）进行海上探险。1868 年，赫胥黎宣布，在深海底部采集的样品中发现了原始生命有机体，他认为这是高等生命形式的前身。对进化论的支持者来说，生命起源这一悬而未决的问题，是一个很大的挑战。德国著名动物学家恩斯特 • 海克尔（Ernst Haeckel）将这种新发现的生物，命名为“海克尔深水虫”（*Bathybius haeckelii*）；不久后，他提出了第三个生物王国的概念——原生生物界，与已建立的动植物王国并存。

在这个深海采集标本可供研究和观赏的时代，深水虫的发现自然引起了公众的广泛关注。1822 年，一条保存完好的美人鱼在伦敦展出，但最终却被自然学家认定是用猩猩、狒狒和鲑鱼的残体拼成的“假货”。1842 年，美国人费尼尔司 • 泰勒 • 巴纳姆（P. T. Barnum）展出了一条“斐济美人鱼”，但实际上却是一只死去的幼猴被缝上了鱼尾。尽管巴纳姆拒绝了内陆捕鲸协会（Inland Whaling Association）的展览邀请，但在 1880 年至 1882 年，该协会展出了一头身长 18 米的蓝鲸，这头“怪物鲸”被铁路板车

19 世纪 80 年代初的刊物图片，内陆捕鲸协会在美国东北部和中西部的一些城市展示巨型蓝鲸。

运送到东海岸和整个中西部城市展览。1825 年，一头蓝鲸在比利时的奥斯坦德（Ostend）海岸搁浅，被割去肉后在欧洲展出了 7 年。1845 年，纽约市居民参观到一具长达 43 米（约 140 英尺）的海蛇骨架，这具骨架由一位来自德国的移民，同时也是科学收藏家和马戏团老板的阿尔伯特·科赫（Albert Koch）发现并拼合。科赫此前还曾带着一具乳齿象骨架在美国的主要城市巡展。公众热情高涨地观赏着这个怪物骨架，德国国王腓特烈威廉四世（Frederick William IV）甚至买下了这具骨架，但有专家指出，这具骨架其实是由六种动物的骨骼拼合而成，并不是一具完整的动物骨架。尽管此类欺骗事件时有发生，但很少有人会对海怪的标本进行查验。许是因为蛇颈龙和鱼龙化石的存在，一些科学家依然坚信，海蛇很可能还在某一海域中游荡。

“闪电号”和“豪猪号”成功地在数千英寻深的水下进行打捞和探测，似乎有望回答以前无法解答的问题。出于对海洋生命的好奇，确切地说，是对生命起源的向往，“挑战者号”于 1872 年 12 月 21 日从朴次茅斯（Portsmouth）出发，历时三年半航行 12.758 万千米（约 6.889 万海里），途经 362 个科考站。探险队的打捞船、拖网和渔网所到之处，均有生命存在。在打捞上来的 7000 个标本中，有一半是新发现的物种，还有一部分来自 3000 多英寻的海洋深处。这场历时 23 年的探索，被记载在 50 卷的记录中，其中包括有孔虫、放射虫、棘皮动物、鲸类骨骼、水母、桡足类、海百合纲等几十种生物。然而，神秘的深水虫一直未曾出现在科学家的眼前，直到航行的最后几个月，人们才在海底标本中发现了这种深海生物。船上多疑的化学家当即开展调查，并揭开了这种著名的“原始生命形式”的真面目：它竟是海水与保存液反应时形成的硫酸钙沉淀物。尽管结果令人失望，但“挑战者号”的收集研究成果为新兴的海洋学奠定了基础，海洋的文化发现也为海洋学的起源做出了重大贡献。

在进行深海科学和经济探索过程中，海洋成为科学家和探险家们的精神寄托，也成为文学家取之不竭的灵感源泉。19 世纪，人们的识字率显著提高，读者数量倍增，关于海洋和航海的书籍在市场上流传，更多的普罗大众了解了船舶和航海的世界。海洋小说把大海变成了一个充满英雄主义和冒险主义的场所，将航船塑造成了微观社会。对航海的纪实性写作同样促进了这一转变，科学家的叙述将海洋重塑为一个可知、可用并可控的空间。

与海洋相关的文学作品吸引了更多读者的追捧，其中包括第一代定期搭乘蒸汽船横渡大西洋的欧美旅行者。人类有史以来第一次接触到深海的概念和实体，而在此之前，这种接触仅限于海上工作人员、港口城镇的居民，或是意外与海洋产生交集的人群。从 1815 年到 1930 年，人类历史上最伟大的一次迁徙活动，让 5000 万欧洲人经历了远洋航行。19 世纪 50 年代，随着海外移民人数达到顶峰，美国成为大量海上旅行者的家园。穿越大西洋的经历，对这些移民产生了深远影响，他们在向西迁移的同时，也带去了航海的记忆。从那以后，大多数人再也没有出海航行，但横渡海洋成为美国人共同的历史回忆，或许还激发了他们对海洋文学的兴趣。风靡一时的蒸汽旅行，将大西洋之旅从一种移民的生活经历或工作所需，变成了富人和越来越多的中产家庭社交季的一部分。早在 19 世纪初，美国和英国就接受了自己海洋国家的身份，但从对海洋的认识程度来看，英国这个岛屿帝国的世界中心地位不可撼动。

美英两国的读者十分欣赏新式航海小说。继笛福的《鲁滨孙漂流记》（1719）后，通俗海上小说的创作曾出现过一段短暂的停滞期，但英国作家托比亚斯 • 斯摩莱特（Tobias Smollett）在其讽刺作品《蓝登传》（*The Adventures of Roderick Random*，1748）中，依然使用了海军角色和背景。沃尔特•斯科特爵士（Sir Walter Scott）的《海盗》（*The Pirate*，1822）使这一流派的文学作品重获新生，詹姆斯•费尼莫尔•库珀（James Fenimore Cooper）创作的《舵手》（*The Pilot*，1823）讲述了约翰•保罗•琼斯（John Paul Jones）在苏格兰海岸劫掠商船的故事，由此向斯科特及其所创作的人物致敬。库珀和华盛顿•欧文（Washington Irving）是美国早期最成功的两位职业作家，在他们的笔下都曾诞生过脍炙人口的海上故事。欧文是一位经常横渡大西洋的旅行者，他写了许多关于航海、沉船和海盗夺宝的故事，广受欢迎的《哥伦布的生平和航行》（*A History of the Life and Voyages of Christopher Columbus*，1828）就出自他的笔下，这本书将事实与创意相结合，导致欧洲人在很长一段时期内坚信"世界是平的"。库珀将他在商船上当船员的经历和后来在海军服役的经验转化为文字，真实地描绘了海上的工作和生活。在经历了长途航行后，他的创作变得更加稳定、更有预见性，在世界上大部分海岸和海洋均已被探索过的那个时期，他把水手的海上日常生活描绘成英勇冒险的事迹。库珀的作品穿越了大西洋，赢得了英国和法国评论界的赞赏，鼓舞了海洋小说的创作热情。弗雷德里克•马里亚特（Frederick Marryat）是一位英国皇家海军军官，这位查尔斯•狄更斯（Charles Dickens）在文学领域的老相识，或许是受了库珀的影响，创作出半自传体小说《海军候补生易随先生》（*Mr. Midshipman Easy*，1836）和其他海上故事。

正如库珀和马里亚特那样，许多航海小说家都曾有过航海经历。美国作家理查德•亨利•达纳（Richard Henry Dana Jr.）和赫尔曼•梅尔维尔（Herman Melville）成为继库珀之后第一批以普通海员个人经历为基础，而非以娱乐或休闲旅行为参考的职业作家。在此之前，虽然已有马里亚特这样的退休海员作家，但那些受过教育却不熟悉航海的作家，却并不急于到海上经历风险。还有些作家拥有在游艇上获得的航海经验，例如，英国浪漫主义诗人乔治·戈登·拜伦勋爵、法国作家儒勒·凡尔纳和维克多·雨果，都是狂热的游艇爱好者。凡尔纳极富想象力的《海底两万里》（*20000 Leagues under the Sea*，1870）正是他乘坐游艇“圣米歇尔号”（Saint-Michel）在海上巡游时创作出来的。1866 年，“大东方号”成功铺设了横跨大西洋的电缆；次年，凡尔纳乘坐此船游览了大西洋。

新一代的航海作家往往是受过良好教育的年轻人，他们纷纷选择出海，但却意识到自己与水手同事之间的社会差异。达纳是 19 世纪 30 年代初一个富有的哈佛大学学生，他认同当时海洋空气有益健康的理论，为了自己的健康，他选择出海，但没有加入风靡一时的环欧之旅，而是应征成为一名商船水手，并在 1840 年出版了著作《航海两年》（*Two Years before the Mast*）——此时，他还开始了自己的律师生涯，为普通水手捍卫权益，倡导废除奴隶制。达纳希望他的书能教化美国民众，揭露海上工作的残酷与不堪，同时，他的故事也激励了许多内陆男孩向大海进发。梅尔维尔的父亲是一位商人，在他去世后，全家一度陷入了经济困境，梅尔维尔不得不出海谋生。达纳对声名狼藉的合恩角（Cape Horn）的描述，令梅尔维尔赞叹不已，因此，他在小说《白外套》（*White Jacket*，1850）中称赞道：“这一定是用冰凌子写出的文字。”[6] 梅尔维尔在商船和军舰上的经历，以及他在马克萨斯群岛（Marquesas Islands）的时光，为他的创作提供了丰富的素材，正如《泰比》（*Typee*，1846）和《白外套》。同时，他在捕鲸船“阿库什尼特号”（Acushnet）上的服役经历，也激发了《白鲸》（*Moby-Dick*，1851）的创作。梅尔维尔对达纳的作品如痴如醉，许多受过良好教育的年轻人一边航海，一边阅读海洋作品，也常常期待能写下自己的海上游记。

第一批将海洋作为重点研究对象的科学家，带着小说对他们的束缚驶进海洋，将航行当成一次冒险。他们也阅读着由著名的探险队领队写下的故事，如查尔斯·达尔文、亚历山大·冯·洪堡、詹姆斯·库克船长以及其他前往地球各个特定角落探险的开拓者。搭乘着“挑战者号”环球航行的科学家的脑海中，充斥着鲁滨孙·克鲁索的历险传奇，当接近胡安·费尔南德斯岛时，他们中的一些人在日记中记录了亚历山大·塞尔柯克：一位真正的漂流者——正是塞尔柯克的经历激发了笛福的创作。在前往距离巴西800千米（约500英里）的圣保罗礁途中，科学家查阅了达尔文对“小猎犬号”在1831至1836年航行的描述，了解到他曾在那里开展的活动，并准备了他推荐的捕鲨诱饵和鱼钩。“挑战者号”上的大多数科学家，都发表了有关此次探险的通讯报道。几名海军中尉也效仿这一做法，其中一位的助手还写了几封家书，并打算在探险结束后将其抄写成册送给家人。航海文学促使这些科学界的冒险家将自己的航行视为传统文学和出版刊物的一部分。科学家的研究伴随着生花妙笔一起远航，去追寻一种个人体验，去邂逅19世纪的海洋带给他们的机遇、危险、英雄主义和自我转变。

海洋小说的作者阅读着科学家撰写的海洋书籍，并将其中最先进的海洋知识融入自己的小说中。埃德加·爱伦·坡（Edgar Allan Poe）的著作《阿瑟·戈登·皮姆的故事》（*The Narrative of Arthur Gordon Pym of Nantucket*，1838）就受到了“地球空心论”的影响，该理论还激发了美国探险远征队开展极地调查。1838年至1842年间的探险远征和此后19世纪50年代的一系列北极探险，都试图通过搜寻报道中提及的极地公海，找到失踪的约翰·富兰克林爵士（Sir John Franklin）※ 或他的远征队余部。作为一名编辑，爱伦·坡迎合了公众对海洋文学和科学探索的兴趣。梅尔维尔在《白鲸》的“鲸类学”一章中，借水手伊希梅尔（Ishmael）之口，提到了威廉·斯科斯比和《抹香鲸自然史》（*The Natural History of the Sperm Whale*，1839）的作者托马斯·比尔（Thomas Beale）。书中“海图”一章的草稿完成之后，亚哈（Ahab）船长撤退到他的小屋中躲避暴风雨的侵袭，他仔细研究着航海图，并将从其他航海日志中搜寻到的有关信息标注在图上。梅尔维尔研究了莫里全球鲸图的初稿，借助这份草案在浩瀚的大海中寻找鲸的踪迹。维克多·雨果将新的海洋科学融入了《海上劳工》（*Toilers of the Sea*，1866）的创作之中，莫里的作品和儒勒·米什莱（Jules Michelet）的《海》（*La Mer*，1861）亦是如此。

视觉艺术家也从科学作品中汲取灵感，激发自己对海洋深处的创作热情。1864 年，美国艺术家伊莱休·维德（Elihu Vedder）创作了油画《海蛇的巢穴》（*The Lair of the Sea Serpent*），作品首次公展便大获成功，令赫尔曼·梅尔维尔钦佩不已。维德创作的海怪形象，通常以鳗鱼为原型，同时受拜伦的插画师古斯塔夫·多尔（Gustave Doré）影响颇深。多尔曾创造出许多优秀的奇幻作品，还曾为雨果的《海上劳工》和塞缪尔·泰勒·柯勒律治 1870 年版的《古舟子咏》创作了一系列令人拍案叫绝的海洋生物形象。在《海蛇的巢穴》中，维德以俯瞰的视角描绘了远处的沙滩和大海，一只海怪在沙丘上盘旋，海面平静祥和，但这只睁着双目、伺机而动的巨怪打破了海岸的寂静，不禁使人联想到海洋深处的可怕与神秘。爱德华·莫兰（Edward Moran）于 1862 年创作了《海中的山谷》（*Valley in the Sea*），该图向

※ 约翰·富兰克林，英国船长，北极探险家，于 1845 年率领探险队搜寻西北航道时失踪。此后，富兰克林与其船队音信全无，去向成谜。

《海蛇的巢穴》（1864），这幅充满了邪恶元素的画作，首次展出便在艺术界引起了轩然大波。1889 年，维德又创作了一幅同名作品。

世人展示一幅极具美国哈得孙河派※艺术风格的海底王国全景。这幅画可能是受它的第一任主人詹姆斯·M. 萨默维尔（James M. Sommerville）的委托而创作——萨默维尔是一位来自费城的内

爱德华·莫兰的《海中的山谷》（1862），哈得孙河派风格的海底画作，创作灵感可能来自第一条大西洋电缆。

※ 哈得孙河派，是由一批美国浪漫主义风景画家发起于 19 世纪中期的艺术运动，该画派早期的主要作品描绘的全部是哈得孙河谷及其周边景色，由此得名。

科医生，也是一位业余艺术家和博物打捞学家——且受到 1858 年大西洋电缆的启发，而视觉上表现的似乎是莫里 1855 年《关于海洋的物理地理学》中所描述的广阔平坦的海洋山谷。萨默维尔在 1859 年还出版了一部名为《海洋生命》（*Ocean Life*）的科普书，试图以艺术的方式展现海底世界，并与另一位艺术家合作绘制了一幅同名水彩画。书中描绘的色彩斑斓的水下世界，充满了各种各样的海洋生物，作家用画作的形式再现了这一场景。

莫里的著作对大洋深处的描写，处处体现出文学性和艺术性，这深深影响了儒勒 • 凡尔纳的创作，后者在撰写《海底两万里》（1870）时，身旁甚至放着一本莫里的《关于海洋的物理地理学》。凡尔纳在小说中引领着“鹦鹉螺号”（Nautilus）潜水艇，沿莫里描述的一条海洋路线，踏上了环球航行的征程。《海底两万里》反映了 19 世纪出版物的一个普遍特征，那就是确立了现代地理学和科学的重要地位——凡尔纳结合自己的航海经验和莫里的文字，还向“大东方号”船员询问了海底电缆的铺设情况。1867 年，凡尔纳又参观了巴黎世界博览会，此次博览会就像一个大型水族馆，每天都会展示新的潜水设备。他笔下的海洋是事实和幻想的结合体，如同 19 世纪中叶人们对深海的探索一样，既充满了科学想象，又饱含着人类的智慧与技术，既蕴含个人感情，又富有官方色彩。

19 世纪中叶，人们开始走进博物馆，打理水族箱，阅读海洋文学作品，偶尔还会收集一些海藻；政府则加强了海洋事务管理，深入研究海洋动物学，并铺设海底电缆，通过这些共同努力，海底深处和遥远的蓝色海洋，得到了进一步的开发和利用。家庭开始变得和自然历史工作室、轮船一样重要。维多利亚时代，那些从海滨归来的度假者竞相在自己家中的客厅里摆放水族箱或贝壳饰品，人们弹奏着表现美人鱼或大西洋海底电缆的钢琴曲。1866年，第一届跨大西洋游艇比赛的消息被报刊铺天盖地地报道，街头巷尾，尽人皆知，这场比赛后来发展成为著名的美洲杯国际赛事。帆船运动员穿着花哨的航海服吸引着大众的眼球，家长则用类似的服装打扮自己的孩子，这其中就包括维多利亚女王的丈夫和儿子。到了19世纪末，水手服已成为俊男靓女追捧的潮流风尚，就连成熟女性都对其喜爱不已。海洋元素在人们的兴趣爱好、穿着打扮、琳琅满目的收藏品及阅读刊物中随处可见，甚至餐馆的菜单上都印有“深海比目鱼”这样的特色菜式，反映出人们对海洋的了解程度在不断加深，而这其中，便包括了广阔的第三维度。[7]

人类对海洋本身和海洋事物的熟悉，反映了19世纪出现的一种对海洋的全新态度。海洋在人类历史上第一次成为一个目的地。此前，远航的人们只将其作为一个驶向其他陆地的通道；海军舰队在海上巡逻、航行，与敌方交战；航海家因循古道，进行探索；探险家则继续寻找新的海岸、直达的航线和适宜的港口。当渔民剑指大海寻找猎物时，他们追求的不仅仅是抹香鲸，还有食物，以及对未来的希望。但是，再远的航程最终还是要踏上归途。这种转变是一种社会观念的转变，是由捕鲸者、小说家、科学家和水手开始接受出海这一概念而促成的。许多职业海员并不认同这种受陆地观念限制的航行观，为了体验海洋而投身大海的新海员，还是将海洋本身视为其目的地。他们的故事向纸上谈兵的水手传达了这样一条信息：大海是人类与自然抗争的战场，是为英雄主义、生活娱乐、个人转变、民族胜利或战胜自然搭建的舞台。深海探测、海洋科学和海底电缆，孕育了海洋文化，促成了人类与大海全方位的联系。

| 第五章 |

海之工业

不要拖着绳子，切莫爬上桅杆，

若你看到一艘帆船，那也许是你最后的期盼。

穿上你的便装，奔向另一片海岸，

水手不再是水手，水手再不是水手。

安装好发动机，船儿在海上乘风破浪，

有了更多的技术，我们得以四处远航。

蒸汽与柴油已成为主角，主帆下的桅杆还有何用？

司炉不再是司炉，铁锹已无须再将燃煤输送。

——汤姆·刘易斯（Tom Lewis），《最后的船歌》（*The Last Shanty*），《浮出水面》（*Surfacing*，1987）

19世纪中叶海洋文化的探索之旅，促使人类迅速拓宽了海洋在通信、娱乐和科学方面的应用范围。蒸汽机和冶铁技术促进了资本主义的发展，叩开了内陆的大门，同时也将工业化的影响延伸到了海洋。20世纪，海洋的传统用途快速增强了海洋与人类，尤其是西方的联系，特别是在捕鱼、航运和投射国家势力范围等方面。蒸汽动力驱动的发电机取代了风力发电，加快了贸易和旅行的速度，缩短了全球距离。无论是和平时期还是战争年代，潜艇战都让海洋成为地缘政治活动的重要场所。在这些形势的推动下，以往专门从事海事工作的人员逐渐减少，而保留下来的一些与海洋相关的工作，也越来越不为公众所知。这种状况让人们对海洋文化的感知发生了转变，海洋从一个工作场地转变为一处反

1913年，从挪威罗弗敦群岛的传统渔场中捕获的鳕鱼被晾在岸边的木架上风干。

思和革新的地方，一个远离现代世界、超越时间的所在。

工业革命带来的诸多变化，加强了现代化国家的人民与海洋食品或其他海洋资源之间的联系，但在此之前，海洋渔业早已开始了密集型开发。早在大西洋海底电缆和水族馆引起政府和个人对水下世界的广泛关注之前，不同时代和不同文化影响下的渔民，就已将海洋视为一个立体空间。大西洋鳕鱼（*Gadus morhua*）生活在北大西洋接近海底的冷水中，自维京人将其制成鱼干作为长途航行的食物补给开始，大西洋鳕鱼便成了国际贸易中的一项重要商品。同 20 世纪以前的大多数渔场不同，鳕鱼渔场在一千年的大部分时间里，一直是一个远离人口中心的地方。如此之远的距离促使腌制技术诞生并发展起来，而鳕鱼的肉质非常适合此种保鲜方法。在纽芬兰大浅滩捕捞鳕鱼的渔民，对海底和海面的情况十分了解，因此，他们能在大雾或暴风雨中继续追寻自己渴求的鱼类。鲁德亚德•吉卜林曾这样定义他书中的人物迪斯科•特鲁普船长："实际上，在这一个小时内，他自己就是一条鳕鱼，而且是很神似的那种"，特鲁普从一条 20 磅（约 9.1 千克）重的鳕鱼的角度来考虑海洋环境，并以此决定接下来该去何处捕鱼。[1]

丰富的鳕鱼不仅是美国马萨诸塞州的象征，也是新英格兰地区和加拿大的经济支柱。直到 19 世纪，北美地区的捕鱼活动还只是农民在农闲时打发时间的活计，自那以后，农业和渔业转变为商业企业的经营范围，进而形成了独立的陆地和海洋资源开发体系。北美地区的渔业发展之路，与当时的欧洲渔业发展如出一辙——大约 11 世纪，那里的淡水鱼种灭绝之前，殖民地区的渔业发展（除了鳕鱼）都集中在河流水域。在西北大西洋沿岸地区，淡水渔业的发展为族群带来了多余的食物，而海洋渔业则提供了出口资源。

19 世纪中叶，河流、近海和贝类渔业均受到当地政府的管制，这种做法的部分原因是为了证明政府对此类资源具有开发权。无论何时、何地的文字记录，都反映了渔业发展的一个共同趋势：渔获量的不断下降。使用传统渔具的渔民明确表达了他们对过度捕捞的看法，他们惧怕来自新式的、更加集约型的捕捞技术带来的竞争，因此呼吁政府进行监管。同样令人担忧的问题，还有来自工厂和人类废弃物造成的河道和河口污染，以及对牡蛎和鲑鱼产业造成的负面影响。海洋渔业严重依赖海洋自由，人们无法想象限制海洋自由将会导致怎样的局面。传统的海洋渔业将渔获量下降的原因，归结为过度捕捞和鱼类迁徙，因此，人们寻找新渔场成为常规的解决办法，这一策略不禁让人想起农业开垦新土地的模式。与海洋贸易一样，拥有海洋知识和实力的国家发展起海洋捕鱼业。由于渔业不仅支撑着国民经济，且可扩充海军战时的军备人员，各国政府纷纷采取赏金或条约的形式，鼓励渔业发展。

虽然工业化产生的问题通常是由机械化造成的，但在缺乏新型捕捞技术的时代，渔业和其他海洋资源的开发，依然给海洋物种及生态系统带来了深远的影响。例如 19 世纪早期，俄国、西班牙和美国在太平洋海域不断扩大自己的势力范围，使这里的水獭和毛海豹捕捞业不断发展。阿留申群岛的土著奴隶用传统工具和捕捞方法捕鱼，让俄罗斯的渔业实现了大丰收。1812 年战争后，捕鲸业飞速发展。大西洋捕鲸者缺少了猎物，而市场对工业机械润滑剂又有大量需求，渔民不得不远赴太平洋寻找鲸。他们使用船帆、木船、麻绳、铁鱼叉等工具，凭借体力来追踪、捕杀和解剖抹香鲸、座头鲸以及其他鲸，然后提炼鲸脂。

19 世纪 40 年代，北大西洋的大比目鱼渔业迅速崛起，向世人证明了非机械化渔业也能产生巨大的经济、社会和环境效应。大比目鱼生活在沿海水域和近海地区，这也是鳕鱼的首选栖息地。

天主教国家的移民在禁食日有吃鱼的需求，最初作为渔获物被丢弃的大比目鱼，此时摇身一变，成了一种极具市场竞争力的商品。包括都市人在内的刚需消费群体的口味，从略带胶质感的咸鱼或腌鱼，转向了肉质更为紧实的鲜鱼。19 世纪 40 年代末期，鳕鱼和大比目鱼捕捞，采用延绳钓的作业方式提高了渔获量，但使用鱼钩和鱼线的个体渔户，最先对这种捕捞方式提出了控诉。这种技术需要两名渔民搭乘小平底船，沿途铺设数百英尺长的钓线，并每隔 2 米（约 6 英尺）放置一个饵钩。吉卜林曾在小说《勇敢的船长》（1897）中描绘道，“我们在此号”（We're Here）上的船员有时手持鱼线捕鱼，有时也选择延绳钓的方法。在此后的十年里，大比目鱼首先在马萨诸塞湾被成功捕获，接着又从圣劳伦斯湾和乔治海岸（Georges Bank）被捕捞上岸，之后，则从更深的水域传来喜讯。到了 19 世纪 80 年代，在没有任何机械设备的辅助下，商业捕鱼让大比目鱼在大西洋彻底消失了。

19 世纪下半叶，延绳钓与其他新式捕捞方法和技术使捕获量大为增加，渔民的鱼钩数量也从 4 个变成了 400 个。在 1865 年织网机发明之后，张网捕鱼逐渐兴起，鱼梁这种旧式的捕鱼技术被频繁使用。鱼梁和建网捕鱼均为一类固定的捕捞装备，可以引导游鱼顺流而下或迫使它们靠岸并进行诱捕，再使用抄网或其他工具将鱼打捞上岸。围网是用来围捕鱼群的渔网，可以铺设在水底，从而网罗整个鱼群。刺网也是一种与鱼梁有异曲同工之妙的土著技术，通常放置在鲑鱼洄游的河流之中，鲑鱼被捕获后，会运往罐头加工厂。最初，在渔船或渔具机械化之前，每一项技术都曾增加了渔获量，同时也激起了使用传统渔具的渔民对过度捕捞的担忧。

即使不考虑渔获工具的机械化，工业化依然通过制冰业或冷藏业和铁路运输的方式，对大比目鱼和其他鱼群产生了重大影响。

19 世纪 80 年代，罐装食品和其他加工技术的不断创新，使鱼类制品可送达并分销至距离码头较远的地方，在此期间，可获取的鱼种数量也在成倍增加。约翰·斯坦贝克（John Steinbeck）在 1945 年的著作《罐头厂街》（*Cannery Row*）中，刻画了一个以沙丁鱼为生的蒙特利社区，直至 20 世纪 50 年代股市崩盘摧毁了这一切。北加利福尼亚、加拿大和阿拉斯加沿岸的罐头工厂，将鲑鱼从一种地区性产品变成了全球性商品。1903 年，由于南加州沙丁鱼供应不足，当地的一家包装工厂开始生产长鳍金枪鱼罐头，自此，金枪鱼罐头便开始成为美国、欧洲和日本人餐桌上的主要食品。每一种新鲜海产品的成功出现，都离不开技术、市场和消费者口味等方面的影响。

除了渔获更多、种类更繁杂的食用鱼类，渔业的发展还推动人们开始捕捉小鱼来喂养大鱼，或用小鱼提炼油脂、制作肥料和

美国太平洋沿岸凯尼格父子罐头厂（Koenig & Sons Cannery）的罐装三文鱼。

后来的动物饲料。自 19 世纪初开始，新英格兰水域附近的人们就开始捕捞鲱鱼，以作为鱼饵或榨油。鲱鱼这一鱼种在向北迁徙的过程中完成生长，且这一阶段是其生命周期中产生油脂最多的时期。渔业最先采用围网捕鱼，而后又使用燃煤蒸汽动力的船只。随着北部水域鱼类资源的减少，捕鱼业逐渐向南部扩展，从而让商业捕鱼活动在北部锐减，直至从缅因湾（Gulf of Maine）消失。鱼类的油脂通常可以用来生产肥皂、油漆、鞣革和固化皮革，但南方加工油脂的工厂转而开始生产化肥，因为南方较瘦的鱼类更适合这种生产需求。石油工业的兴起和太平洋海鸟粪贸易的衰落，助长了这一发展趋势。尽管当时的渔获量下降，但许多观察人士认为，鱼类产量下降的原因是鱼类的迁徙，而非过度捕捞。

19 世纪下半叶，人们认为丰富的捕捞技术、渔具和工业实践经验，对鱼类资源构成了威胁，所以对过度捕捞的担忧此起彼伏。这时，一种特殊的技术——拖网，则更让人忧心不已，即使它的生产效率得到了现代化渔业的支持。拖网的产生可以追溯到 14 世纪，但在 17 世纪时，英国和荷兰曾对其限制使用，因而在此期间未被普及。在帆船的牵引下，拖网瞄准了底部的鳕鱼、无须鳕鱼、牙鳕、鳎鱼和比目鱼。从 19 世纪中叶开始，英格兰和苏格兰就进行了一系列蒸汽动力的拖网捕鱼试验，但直到 19 世纪 80 年代，这种技术才正式确立。1892 年，“网板”的革新大大提高了拖网作业的效率，将渔获量提高了约 35%。这一装置被安装在拖网线和网口之间，仿佛谷仓的大门，使拖网口在底部水域可以保持完全打开的状态。

据历史学家杰弗里 • 博尔斯特（Jeffrey Bolster）所说，蒸汽捕鱼船牵引的网板拖网的出现，从根本上改变了渔民和鱼类之间的关系。早期的捕鱼技术倾向于以特定的鱼种为目标，因此，操作者主要捕捉那些他们寻找的鱼类。此外，传统的渔具略显被动，而网板拖网捕鱼则是更为主动的捕鱼方式。最后，与鱼钩、鱼线或刺网等用于捕捉特定大小鱼类的工具不同，网板拖网可以捕获海底的任何东西，包括符合市场规模的鱼类和幼鱼，以及在海底生长或生活的其他生物。那时船上的人们将拖网捕鱼比作犁地，他们认为，拖网捕鱼对海底的干扰可能会提高海洋的生产力。然而，传统渔民认为，拖网在海底作业时损害了鱼卵和幼鱼。就像之前关于渔具使用引发的冲突一样，那些因拖网捕鱼而产生的冲突，也是由相互竞争的渔民群体触发的，不同立场的渔民基于自己的海上工作经验，对海洋知识各执一词。

拖网渔业的机械化使其能够得到工业化发展，从地理的角度来看，这种捕鱼方式将捕捞范围扩展到了广阔的海底区域。一时间，拖网在西欧、日本和北美等地大量普及，而其在欧洲早期的密集使用，则令北海渔场成为我们分析工业化捕鱼影响的不二之地。帆船的航行距离约为 160 千米（约 100 英里），而蒸汽船则可以在港口 640 千米（约 400 英里）以外或更深的水域作业，这一步是由于近海地区的捕获量开始减少而被迫迈出的。通常情况下，蒸汽船的捕获量是帆船的 6~8 倍，在新捕捞区创造出财富之源，但随着捕捞速度的加快，渔获量开始不断下降，人们便需要继续寻找新渔场。

下页图展示了自 1833 年以来，英国拖网捕鱼的活动轨迹。起初，拖网捕鱼只集中在英国和荷兰之间多佛海峡（Strait of Dover）北部的一小部分区域；1845 年，捕鱼范围沿海岸向北延伸到苏格兰边境，向西扩展到荷兰和德国的领海；20 年后，北海中部较深的水域开始出现渔船捕捞；30 年后，苏格兰和丹麦的海域也被利用起来；19 世纪晚期，整个英国拖网捕鱼队均采用网板拖网加蒸汽渔船的组合方式，到 1900 年，船队已经向北推进至挪威，遍布北海的所有海域。大西洋大比目鱼渔业、铁路和制冰业的发展，同样促进了渔业的扩张，由于城市化导致人口不断增长，需求也随之增加，食用鱼的流动成为整个欧洲各国政府关注的重点。

在英国，拖网捕鱼的活动范围不断扩大，导致传统渔民要求限制拖网捕鱼的呼声日益高涨。他们的不满虽是出于对幼鱼资源减少的担忧，但同时也反映了新式捕鱼与传统捕鱼方式之间的竞争。为了回应这些持续不断的投诉，英国政府于 1860 年至 1883 年进行了一系列调查，以弄清拖网捕鱼致使鱼类减少的情况是否属实，并考察现有规则或新条例的实施是否合理得当。从这些调查中可以看出，各国政府开始向渔业或其他部门的专家咨询科学技术，以解决类似“拖网捕鱼”等新出现的问题。在许多北欧国家，以牡蛎业和鲑鱼业巡视员为核心的新兴渔业管理部门与渔业

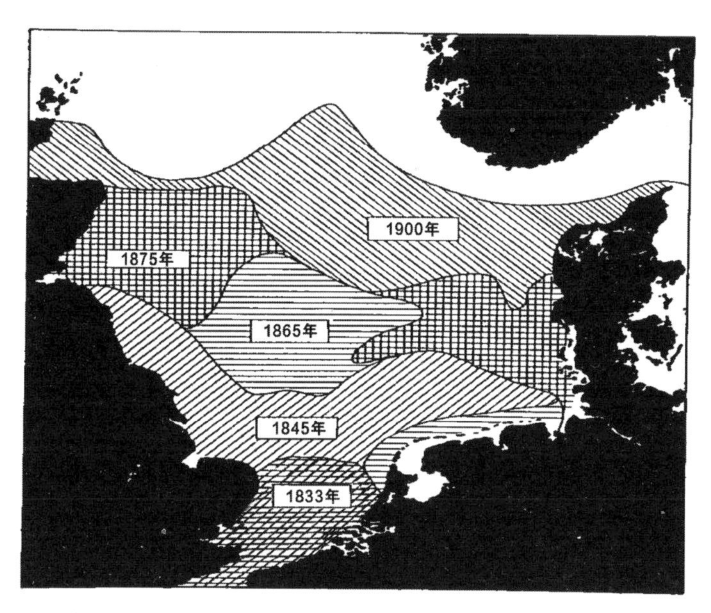

此图显示了 19 世纪英国拖网渔船在北海的扩张路径。

科学家合作，开始以科学的方式对渔业进行管理。

英国对“拖网问题”的定性和对此做出的有力回答，源自政府的调查结果和自由放任的态度。1863 年的一项调查结果表明，当时的规章制度缺乏足够的知识支撑，应予以废除。另有 1883 年的一份报告显示，尽管拖网渔船为了维持一定的捕鱼量不得不远离海岸，但统计数据不足以证明鱼类储量的总体下降。这份报告中还指出了新发现的漂浮鱼卵，为拖网捕鱼破坏鱼卵开脱了罪名。在同年举办的国际渔业博览会（International Fisheries Exposition）上，因捍卫达尔文的进化论而闻名且受人敬仰的科学家托马斯·亨利·赫胥黎，发表了他的看法——海洋渔业资源取之不尽、用之不竭——对许多国家的渔业管理产生了深刻的影响。然而，他的结论是在当时常见的捕鱼工具和操作方法基础上得出的，而这一前提却并未引起相关部门的足够重视。1880 年，赫胥黎被任命为渔业监察员，他在工作方面几乎没有付出过什么努力，主要是利用自己的职权质疑政府干预渔业的正当性，当然，要排除那些为了促进捕鱼业以满足不断增长的人口需求的必要干预。

包括加拿大和挪威在内的许多北大西洋国家，成为渔业现代化的主要推动者，尽管更多的渔业大国选择将这项任务交由私人资本运营。渔业的纵向一体化与钢铁工业的发展趋势并驾齐驱，渔业公司需要购买船只、雇用渔民，同时投资渔网或鱼线生产公司，加上码头运营、加工设施和配送业务，形成了完整的产业链。拖网捕鱼受到了政府管理人员的青睐，一方面是由于这种捕鱼方式效率高，另一方面在于政府只需要同少数大型企业合作，可以省去与众多独立经营者合作的纷扰。

各国政府将发展科学作为最大限度利用自然资源的手段，毫无疑问，这是追求效率的结果，但科学也因此成为捕鱼业的战斗口号。德国的森林是欧洲和美国了解自然保护的“索饵场”。科学育林为渔业引进了最佳持续产量的概念，而这一概念的诞生使人们对未来充满了信心，虽然这种保护可能是为了确保未来的可利用资源，但只要有足够的常备树木，便可年复一年地获得最大收益。渔业工作者将这种观念运用到渔业发展之中，这种“效率之道”的逻辑表明，不捕鱼就是一种资源的浪费。[2] 而科学捕鱼则使渔获量和利润最大化，从理论上解决了过度捕捞以及渔业部门持续低迷的状态。

实际上，后来“进步运动”的理念，促进了捕鱼业向集约化发展，以及鱼类的捕捞和分配的现代化，并增强了联邦政府对地方性渔业政策的把控。同时，渔业管理人员采用相对较新的统计工具管控渔业。这些统计数据对渔业科学和管理的发展同样有效，

照片拍摄于1908年，显示了美国鱼类委员会（U.S. Fish Commission）在“信天翁号”（Albatross）渔船上进行捕捞实验的渔获物；该船被指派前去考察新渔场，并寻找新的可供开发的鱼类。

例如，它能帮助管理人员更好地了解渔获情况，以预测加工和分配的需要。

旨在通过准确预估捕获量来控制渔业的国家，投入了大量资金进行渔业科学研究。到了 1910 年，整个北欧、美国和加拿大已建立了 26 个海洋实验室。许多实验室的创立其实是仿效那不勒斯动物学研究站，都对实验生物学的发展做出了贡献，但大多数实验室也会进行渔业研究，这是科研经费所致。一些研究站的科学家和主管，还同时担任政府渔业部门的要职，例如，荷兰的鲍罗斯 • 霍克（Paulus C. Hoek）、挪威的约翰 • 霍杰特（Johan Hjort）、加拿大的爱德华 • 普林斯（Edward E. Prince），都是科学与新兴渔业政策部门之间紧密联系的典型代表。

到了 20 世纪初，一些来自斯堪的纳维亚半岛和其他北欧国家的海洋科学家得出一个结论：需要建立国际间的合作，才能实现对鱼类和洋流的有效研究。1902 年，各国政府协同设立了一个新的政府间机构，即国际海洋考察理事会（International Council for the Exploration of the Seas, ICES），该机构就渔业问题展开国际调查，并向各国政府提供意见。例如，理事会的过度捕捞委员会，曾分析了自 1870 年以来的渔业统计数据，发现蒸汽拖网捕鱼的渔获量相对于其捕捞努力量来说有所减少。渔业科学家认识到，过度捕捞的可能性真实存在，如北海鲱鱼或鲽鱼，但他们坚持认为，在浩瀚的海洋中总有新的种群可供开发。因此，渔业科学首先要将重点放在积极提高渔获量等措施上，例如孵育场、将幼鱼转移到新的渔场或确定可供开发的新鱼类种群。

随着机械化程度的提高、更大渔船的出现，以及更高效的垂直一体化产业的发展，渔业开始向远海挺进。柴油和汽油逐渐代替了蒸汽成为渔船的新动力。19 世纪 90 年代，欧洲人在冰岛附近捕鱼，新世纪初在巴伦支海（Barents Sea）南部和白海（White

Sea）捕鱼。在渔业发展过程中，渔民的数量、渔船和渔具的规模和价值都有所增加，但渔获量却在不断下降。例如，1880 年至 1908 年，美国的捕鱼量下降了 10%。欧洲渔业科学家将第一次世界大战命名为“大捕鱼实验”，希望通过对战后捕鱼业复苏的研究，了解捕捞对鱼类的影响。他们通过规范渔网尺寸或其他渔具来保护在战争中得到恢复的鱼类资源，但由于更为高效的渔具和捕捞方法的出现，二战后的渔获量大于战前，导致这些努力最终失败。

对许多人来说，产量的急剧增加展现了一种乐观的局面，即海洋资源基本上可以无限利用。渔业实现工业化不仅在于新技术的发展，更重要的是渔业产量需在合理管辖的范围内才能实现效益最大化。渔业科学在新领域的发展，为始于 20 世纪下半叶的大规模海洋生物资源开发奠定了基础，涉及范围包括便于食用的鱼类和用于恢复产量的小鱼，以及适于大型捕捞的鲸类。

捕鲸业传统上被认为是捕鲸者的工作范畴，尽管鲸属于哺乳类动物，但捕鲸业却遵循着与捕鱼业类似的工业化、机械化和科学化的管理轨迹。19 世纪的捕鲸者从鲸脂中提炼油脂，而在 19 世纪后期，鲸须因其坚硬、结实而又柔韧的特点被用于制作束腰、雨伞或其他产品。在人们发现石油之前，捕鲸业就已开始衰落，直到科技的发展令捕鲸者能够捕获到游弋速度更快的鲸后——比如，那些在木制渔具时代逃脱猎人追捕的蓝鲸和长须鲸——才再次振兴。也许现代捕鲸业最重要的创新是将鲸作为食物来食用，尤其是人造黄油，它成了二战之后欧洲人和日本人的生活所需。

现代捕鲸业淘汰了木制捕鲸船和手抛鱼叉，取而代之的是装在快速蒸汽动力捕鲸船船头的鱼叉炮。捕鲸船会将鲸的尸体运至海岸及大型的加工船里。捕鲸技术极其有效地促进了多国渔业的发展。这些捕鲸活动以南极洲四周的南大洋为中心，几乎完全不受管控。即使是海洋中体型巨大的蓝鲸，也会被拖上大型滑道进行加工，以提取鲸脂用于制造人造黄油、唇膏、鞋油、具有爆炸性的硝化甘油、供动物和人类食用的肉，还有来自鲸肝脏的维生素 A。1960 年，一头大型鲸的鲸肉和鲸脂产品，可能产出高达 3 万美元（现约合 24 万美元）的巨大价值，这让鲸成为这个星球上最有价值的野生动物——尽管历史学家已经认识到，若将捕鲸所需的大量补贴扣除，可能真正的价值并没有那么多。

整个 20 世纪 20 年代，南大洋的鲸似乎数不胜数，捕鲸者有时只选取鲸身上的最好部位，而将其余部位直接丢弃。在进步的自然保护主义者推动下，一些评论家开始呼吁社会应充分利用鲸的身体，保护鲸种群。美国自然历史博物馆馆长罗伊·查普曼·安德鲁斯（Roy Chapman Andrews），曾讲述了自己想要拿起鱼叉亲手杀死一头鲸的愿望。1909 年，他作为陪同人员前往北太平洋研究鲸，并说服一名挪威炮手，让他射杀了一头鲸。安德鲁斯把捕鲸当作一场刺激的大型狩猎游戏，一场布恩和克罗克特俱乐部（Boone and Crockett Club）的精英和城市猎手的狂欢，他们穿梭于北美大陆的荒野上，包内塞满了战利品，却又在回到家后，两面三刀地主张保护野生动物。

另外，在一些捕鲸国家，像安德鲁斯这样的科学家和环保人士，已开始敦促各界采取措施保护鲸种群，包括一些在他们看来属于常识性的措施，如禁止捕杀珍稀的露脊鲸和任何怀孕或在哺乳期的雌性鲸。然而，枪手们并不总能分辨出他们瞄准的动物是雄性还是雌性，更别提是否怀孕了。这些捕鲸者只知道如何找到鲸、捕杀鲸，除了对它们显露在外的特征有所了解之外，其他信息一无所知。

博物学家利用 20 世纪的捕鲸业来研究鲸，当鲸的尸体在海岸工厂和油腻的滑道上加工时，他们穿着长至臀部的高筒靴进行测量和解剖。他们当中的许多人将这种海洋巨兽与美国西部的野牛相提并论，并十分了解它们商业损失的必然性。1910 年，布鲁克林自然科学博物馆（Brooklyn Museum of Natural Science）馆长弗雷德里克·奥古斯都·卢卡斯（Frederic A. Lucas）坚称，是时候拯救野牛在海洋中的“温血表亲”了。[3] 在 1940 年，世界上最著名的鲸类生物学家雷明顿·凯洛格（Remington Kellogg）在《国家地理》杂志上发表了一篇文章，介绍了所有已知的鲸类物种。他在文章中提醒读者，这些动物“正走向与曾经数量庞大的美国野牛群同样的道路”。[4] 海洋与类似于美国西部荒野之间的联系，以及这种联系的消失，构成了对海洋文化认知更大转变的一部分。

在海洋工业用途日益扩大的背景下，海洋工作却以可见的速度减少。从 16 世纪到 19 世纪，海洋活动支撑了很多国家的经济和势力不断扩张的帝国。沿海地区的人民绝大多数都在从事与海洋和航海有关的职业，无论是以直接还是间接的方式，是兼职还是全职的岗位。到 19 世纪末，海上工作相对于陆上工作有所减少。资本主义的发展转向大陆内部，且在通常情况下，捕鲸、航运和其他海上活动都由内陆投资推动。在海上，机械化带来的效率也让从事海上工作的人员数量逐渐减少。

到了 20 世纪末，许多沿海渔场都走向衰退。近海渔场直接并入大型公司，但这些公司的主要业务往往不是面向海洋，因而海洋的重要性进一步被忽视。船运公司更愿意使用汽船，因为汽船雇用的船员更少，乘客也更加接触不到大海。随着航运和其他海上活动的持续快速发展，商船、捕鲸船和渔船上的工作，开始变得类似于陆地上的工作：工作时间延长、工人减少、工资降低。继续使用帆船的公司，将船员数量压缩到最低限度，导致海员号

1922 年罗斯海（Ross Sea）的工业捕鲸场景：来自护卫舰“詹姆斯·克拉克·罗斯爵士号”（Sir James Clark Ross）的三名挪威工人，正在宁静的天气里给鲸剥皮。

子流行起来，因为“水手们说，一首歌抵得上十个人”，理查德·亨利·达纳在其著作《航海两年》（1840）中这样解释道。[5]

越来越多的人不再以工作的方式接近海洋，反之将这里视为一个娱乐场所，人们对水手服饰、贝壳收藏和海景艺术的迷恋，与迷信、幻想和传说交织在一起，隐去了对真实海洋的体验。海洋变成了一个神秘的所在，在这里，幽灵船与现实中的船只相遇，美人鱼和海盗的故事令人着迷。真实存在的双桅船“玛丽·赛勒斯特号”（Mary Celeste）与传说中的幽灵船“飞翔的荷兰人号”（Flying Dutchman）相互映衬。1872 年，人们在大西洋上发现了漂浮的“玛丽·赛勒斯特号”，船上包括船长的妻儿在内的所有人员全都消失不见，救生艇不知去向，但没有任何导航设备被带走，人们在航海日志中没有寻到蛛丝马迹，而船只本身也没有发现任何问题。“玛丽·赛勒斯特号”的神秘情况，不仅吸引记者和报纸读者的关注，还激发了艺术家和作家的创作灵感。当时最为著名的是阿瑟·柯南·道尔（Arthur Conan Doyle）创作的小说《哈巴谷·耶弗森的声明》（*J. Habakuk Jephson's Statement*，1884），这个故事使幽灵船这个题材一直在流行文化中活跃到 20 世纪。

通俗文学里的海盗形象，从恐怖的历史人物转变成一个英雄角色，有时甚至略带喜感。19 世纪，海盗的威胁几乎不复存在，小说家、剧作家和音乐家创作了一系列鲜活的海盗形象，令男女老少、船上船下的人们，都可以从海盗的故事中感受到兴奋和快乐。罗伯特·路易斯·史蒂文森（Robert Louis Stevenson）在他著名的小说《金银岛》（*Treasure Island*，1883）中，把黑色纵帆船、藏宝图、岛屿、独腿水手和落在水手肩膀上的鹦鹉与海盗元素联系起来，使得这样的海盗形象时至今日仍活跃在大众文化中。小说《金银岛》激发了那首广为传唱的歌曲《哟吼吼，一瓶朗姆酒》（*Yo Ho Ho and a Bottle of Rum*）的创作灵感，这首 19 世纪晚期的作品，正是在该小说出版之后创作的，并不是一首传统的海歌。1904 年，詹姆斯·巴里（J. M. Barrie）的戏剧《彼得·潘》（*Peter Pan*）中引入了胡克船长（Captain Hook）一角，以“Hook”（钩子）代指他的铁钩手。与海盗的形象发生了改变一样，对水手来说，美人鱼也从不幸的预兆演变成了他们的心中所爱，例如，在消遣娱乐、游艇奖杯上的装饰图或是宣传广告中，美人鱼的形象十分常见。

当在陆地工作的海员取代了真正的水手后，海洋和航海的文化意象发生了很大变化，许多人开始凝视大海，审视内心。亨利·大卫·梭罗（Henry David Thoreau）说，海洋是“延伸到世界的荒原”，这里更像一片丛林，而不是一个文明化、工业化的陆地。[6] 荒原曾是一个可怕的地方，人们会对其避而远之，或者向它发起挑战甚至将其征服。自 19 世纪起，人们开始欣赏荒原，开始敬畏这种崇高的神秘，享受这种黑暗与恐怖交织的浪漫，进而产生了与大海亲密接触的渴望。梭罗在科德角（Cape Cod）的沙滩上感知海洋，目睹了 1849 年“圣约翰号”（St. John）移民船的残骸，不过，他还是将这片荒原视为人类文明理想的解毒良药。

人们对大海的欣赏变异为以新奇的方式表达对海洋的热爱。美国诗人艾米莉·狄金森（Emily Dickinson）是一位常年居住在陆地上的隐士，她认为自己有权定义人类与海洋的互动关系。1860 年，她在自己的一首诗中表达了当“内陆灵魂”起航时的“陶醉”感觉，认为这是一种经验丰富的水手难以理解的对大海的体验：

我的内心欢欣鼓舞
因为我的灵魂通往大海深处
穿过家园，越过海岬
进入灵魂永恒的国度
在那群山峻岭中孕育而出
水手们岂能理解领悟
这是令人沉醉的毒药
这是来自陆地的专属[7]

这段时期，当出身名门的人迈向海洋时，一颗内陆的灵魂却站在岸边，做着关于大海的梦，脑海中的海洋富有母性的意象，海上的船只也通常被比喻成女性。这在一定程度上反映了一个事实：当岸上社会的工业意识形态将男性和女性的世界强烈隔离开时，航海事业的男性特征变得更加明显。海洋便具有了隐喻的性别，代表着孕育生命的女性子宫。

作为休闲的游乐场和洗涤心灵的圣地，海洋的影响力与日俱增，让它除了长期以来在经济和政治等有形方面做出贡献外，在人类精神和想象方面的作用也更加突出了。文学作品记录了逐渐充斥着西方文化的海洋隐喻和意象。人们用潮汐的涨落描述着人生的各个阶段，将沉船赋予了从政治到个人等不同方面的内涵。无论是艺术创造还是文学作品，航海都成了人生旅途的最佳隐喻，这个比喻也许缘起于荷马史诗《奥德赛》，抑或是更古老的时候。这些作家和艺术家可能鲜有航海经验，但他们的创作却在越来越多地体现着航海的主题。例如，美国浪漫主义画家托马斯·科尔（Thomas Cole）的系列油画《生命的旅行》（*Voyage of Life*, 1842），便以海洋为题材，描绘了人的童年、青年、中年和老年等不同的人生阶段。

从帆船到蒸汽船的转变，伴随着从海洋工作到海洋娱乐的观念转变，以及内陆人对海洋流行文化的创造和消费。这一切在当时引发了一股怀旧潮，历史学家约翰·吉利斯（John Gillis）认为，这是人类“第二次探索海洋”的一部分，而且这一次的文化影响，与 15 世纪至 16 世纪第一次探索的文化影响非常相似——当时的探险家发现了连接地球上所有已知陆地的海上航线。[8] 船歌号子是海洋文化中极具吸引力的一部分，将人们从拉锚、拖网或是控制沉重的船帆等繁重的体力劳动中解放了出来。一些充满怀旧情怀的浪漫主义者，享受着横帆船时代的最后时刻，直到第二次世界大战时期，这种帆船还一直在最长的航线上徘徊，在合恩角和澳大利亚附近的硝酸盐化肥和谷物贸易中扮演着重要角色，因为汽船在这片区域并不具竞争优势。1938 年，艾瑞克·纽比（Eric Newby）根据他在四桅帆船“莫舒鲁号”（Moshulu）上的经历，创作了《最后一次谷物竞赛》（*The Last Grain Race*,

1956）。与之类似，年轻人也到所剩无几的木制捕鲸船上找寻灵感。1912 年至 1913 年，博物学家罗伯特 • 库什曼 • 墨菲（Robert Cushman Murphy）搭乘捕鲸双桅横帆船“黛西号”（Daisy）出海游历，而后出版了《格雷斯的航海日志》（*Logbook for Grace*，1947）。德国“飞行 P 系列”航船大获成功，这是一系列快速宽敞的四桅帆船，名称都以字母 P 打头，此时的复兴主义者竞相保存航海时代的记忆和文物，而这种船的帆恰好十分适合保存。“帕萨特号”（Passat）、“帕米尔号”（Pamir）、“北京号”（Peking）和“帕多瓦号”（Padua），都在战争中幸存了下来，且至少到现在还保留着一个功能：完好地停靠在码头上。

一些更古老的船只在 20 世纪上半叶找到了它们的守护者——致力于保护海洋遗产的爱船志士，如 1765 年的皇家海军舰艇“胜利号”（Victory）、1869 年的快速帆船“短衬衫号”（Cutty Sark）和 1841 年的捕鲸船“查尔斯 •W. 摩根号”（Charles W. Morgan）等。建于 1921 年的纵帆船“蓝鼻子号”（Bluenose），起初是为比赛而设计的，后来却成了加拿大海上强国最重要的标志。海洋博物馆收藏了许多热心人士搜集的航海文物，因为他们决议在木船和相关航海工作完全消失之前，留下一些印记。帆船技能训练的传统来源于传统的航船工作，这就使“高大船只”的复制船和新式船相继出现。“海洋热”一词来自 1902 年约翰 • 梅斯菲尔德（John Masefield）创作的诗歌《海洋热》（*Sea Fever*）。19 世纪 90 年代，梅斯菲尔德乘坐军舰和商船在海上航行时创造了这个词，它反映的是一种文化现象，自此，人们不需要，也不必再去区分航船、双桅横帆船、纵帆船或其他帆船之间的差别。从 20 世纪 30 年代开始，夫妻搭档欧文 • 约翰逊（Irving Johnson）和艾克斯 • 约翰逊（Exy Johnson）通过带领青年男女乘坐他们的“扬基号”（Yankee）系列船只完成长距离航行，建

1938 年，欧文 • 约翰逊和妻子艾克斯 • 约翰逊与儿子在“扬基号”帆船的方向舵旁，此程是从环球航行回到格洛斯特。旅途中，夫妇二人教年轻人如何在航海中扬帆远航。

立了磨炼意志的航海训练模式。

对辉煌的航海历史的怀念引发了读者的共鸣，他们欣赏着梅斯菲尔德诗歌中的向往与浪漫：“我必须再度下海，因为那奔流的潮水是一个令人无法拒绝的、狂野而清晰的召唤。”[9] 海洋复兴主义将 20 世纪 20 年代赫尔曼 • 梅尔维尔的《白鲸》再次推到世人面前，该书在 1851 年出版时，并未得到评论家或普通读者的赏识。评论家将这部小说的重新发现归因于现代主义的发展，而它所展现的对航海历史的敬意吸引了读者的目光。

长期以来，西方文化一直将海洋视为社会之外的空间，而海洋的“新荒原”角色强调，海洋同时也是一个独立于时间之外的所在。梭罗将这一特征与陆地做了对比：

我们不愿像看待陆地那般将古老的观念与海洋相连，也不愿知道它一千年前是何等模样，它放荡不羁亦深不可测，唯一改变的只有海岸。[10]

海洋的这种永恒之感似乎不受人类活动的影响。乔治·戈登·拜伦勋爵在其叙事诗《恰尔德·哈罗德游记》（1818）中这样写道：

人们用废墟掩盖了大地——倾其所能
在海岸驻足，在水面停留
沉船残骸均是你的劣迹，可这儿却未能留下
一丝与你的回忆[11]

拜伦承认人类的陆地活动对大海的影响，但他同时也认为，海洋是一个不可触碰的领域。

海洋与时间的分离，激发了人们对海洋主体及海洋资源的思考，这种思考方式来源于接受海洋自由的观念。帝国主义意识形态和实践让人们坚信，海洋及其资源应由掌握知识和权力的人开发利用。永恒的海洋似乎不受人类行为的限制，这与赫胥黎提出的无限鱼类资源的观点产生了共鸣。他和同辈人都认为，深海是永恒不变的所在，且充满了早期地质时代遗留下来的古老生物。海洋作为一个社会之外的领域，对人类的影响可以通过对它的利用加以定义。人们曾将海洋视为一个具有重要经济价值和地缘政治特征的工作场所，而后又将其看作是一个亘古不变且不可触碰的新文化观念，这种转变掩盖了海洋本身的性质和工业化的发展规模。

20 世纪，人们广泛地利用海洋发动战争、实现运输和发展渔业，两次世界大战的爆发更是明显加快了对海洋的开发利用。自人类进行海洋探索以来，大多数战争都涉及重大的海战和控制海洋空间的诸多举措。潜艇这种极具杀伤力的武器，在第一次世界大战中首次登场，并在第二次世界大战中扮演了更重要的角色，将战争从水面延伸到海洋的第三维度。德国在第一次世界大战期间采取了无限制的潜艇战，包括攻击中立国的船只，对航运造成了巨大破坏，使深海成为一个潜在的威胁，但也在一定程度上维护了海洋自由。德国的行为促进了中立国美国于 1917 年加入了第一次世界大战，美国在后来的第二次世界大战中对日本的航船也部署了潜艇战。二战的胜败不仅取决于潜艇的使用，也取决于航空母舰、驱逐舰、运载货船和护送船只及登陆艇的使用。所有这些活动的开展，推动人们不得不付出巨大努力去更好地了解海洋环境，包括大气层、地表、陆地和海洋的边界，以及深海等不同区域。

第二次世界大战期间积累的有关海洋的大量战时新知识，在战后被用于改变海洋的传统利用方式。例如，战时运送物资的技术改变了航运业。美国企业家马尔科姆•麦克莱恩（Malcolm McLean）对老式运输货物的集装箱进行了改造。新式集装箱不仅能让军队应对不同的铁路轨距，还能实现陆地和海洋之间的快速运输。麦克莱恩意识到这个想法的发展前景后，卖掉家族的大型货运公司，收购了一家航运公司。1956 年，他改装了两艘二战时的油轮，用来装载他设计的钢铁集装箱，让卡车可以直接运送和装卸这些集装箱。

麦克莱恩的新公司在装卸货物方面节约了巨大成本。这些货物原本只能由工人们逐个装进船舱，麦克莱恩改造集装箱后，节省了人力成本，但也让工人失去了工作。麦克莱恩的技术创新是

1957 年，集装箱运输系统的发明者马尔科姆·麦克莱恩站在栏杆旁俯瞰纽瓦克港（Port Newark）。

一种标准化的钢铁运输箱，不仅可以装载到船上，还可确保长途航行的安全。他向社会免费提供他的专利设计，这是一个精明的策略，因为标准化鼓励了联合运输系统的迅猛发展。

二战后，全球经济迅猛发展，推动了造船技术由战时设计向其他专用船的改造，船只逐渐可以装载液体或气体货物。大型船只还配有滚装（水平卸载）技术手段，方便了货物的轮式装运和卸载。21 世纪初，大量专业海运公司出现后，货物的运输能力提升至 1840 年的 400 倍。自 1855 年以来，航船的燃料消耗量下降了 97%，加之劳动力成本下降、规模效益提高和市场竞争压力增大，致使运输成本一直保持在一个较低的水平，而煤炭和石油等大宗商品的价格，在 20 世纪下半叶也几乎没有上涨。如今，原材料和制成品市场覆盖全球，航运业的经营范围也随之更加广泛，包括能源商品、农产品、林产品、化工产品、矿产等大宗商品，以及一些制成品等。

尽管发达国家依然十分依赖海运，但海运已失去了往日的风采。目前，全世界 90% 的海外货运仅由不到全球 0.5% 的人口完成。

由于集装箱运输需要运送和存储箱子的空间，因此，主要城市在传统港口的基础上兴建了新港口。新泽西州的伊丽莎白港（Port Elizabeth）取代了曼哈顿港，奥克兰港吸引了来自旧金山的船只在此停靠，货船绕过伦敦，前往英国的费利克斯托港（Felixstowe）和荷兰的鹿特丹港（Rotterdam）。这样的转变虽然让港口城市空空如也，码头的工作岗位也随之减少，但有力地促进了世界经济的全球化发展。

远洋运输业经历了巨大的社会、经济和技术变革，重塑了人类与海洋之间的联系，甚至改变了沿海的生态系统。庞大的航运业正逐渐从人们的意识中淡出，跨洋旅行的交通工具从客轮到飞机的转变，使旅行者回避了海洋本身，只实现了跨越时间和空间的目的。为了提高海上安全，解决海洋污染等问题，航运业受到了广泛的监管。全球国际管理协定和相关国家法律日益增多，使海洋领域更加稳定地处于陆地工业长期对其施加的法律和政治控制之下。从木船时期到巨型油轮时代，那些被人们忽略的海洋生物总是和货物一起航行，它们附着在船底或是生活在压舱的水中。旧金山湾（San Francisco Bay）是现代物种入侵最为严重的水域，在 1849 年淘金热期间，世界各地的船只携带着大量的外来物种停靠于此，其中许多船只被遗弃在港口。海洋入侵物种，即一种来自蓝色大海的移民，通过全球航运完成了迁移，所到之处往往会取代本土物种，破坏它们“新家园”的生态系统。

和平时期的另一项传统海洋活动——捕鱼，同样带有第二次世界大战的印记。二战时，许多渔船被征用，因此，北海和北大西洋等区域的渔场被废弃或严重萎缩。尽管面临危险，但为了提供战时的粮食和物资，一部分渔场仍在运营。1940 年后，捕鲸船队离开了南极海域，但在战争期间，捕鲸活动仍在东太平洋海域进行。虽然人们对过度捕捞十分担忧，且认为护渔行动有必要从战前延续到战后，但饥饿问题以及欧洲和日本的重建，导致了对水产品的巨大需求，现实的需求超越了以可控方式恢复渔业的努力，但同时也促进了“德比捕鱼法”的产生。

1946年，国际捕鲸委员会（International Whaling Commission, IWC）成立，参与其中的科学家和环保人士重启了战前的多项举措，以保护可供未来需求的鲸种群。国际捕鲸委员会的目标是平衡科学和产业之间的关系，试图利用科技手段发展捕鲸业，并扩大鲸储量。但结果却事与愿违，同许多渔场的情况一样，20世纪50年代的捕鲸公司面临着鲸储量下降的局面，随着植物油替代了鲸油，油脂价格不断下跌，加剧了这一问题的严重性。由于国际捕鲸委员会自身的原因，通过降低配额来限制捕鲸量的做法被证明行不通，同时他们也认为，实施此类措施的知识储备还不够充足。到了1960年，捕鲸公司捕获的鲸的数量尚不足以达到被勉强减少下来的配额数量。1965年，蓝鲸和座头鲸的数量已经非常稀少，以至于人们只能停止对这些物种的捕杀。就捕鲸业而言，企图通过科学管理最大限度提高产量的梦想已然幻灭。

二战时和二战后的粮食短缺问题，促使各国开始优先投资渔船，最初是利用那些不再用于战争的渔船。许多这样的渔船重新进入了传统渔场，同时，各国政府也资助了一些旨在扩大渔获量和渔获规模的实验。例如，1946年，美国政府资助了一艘由长129米（423英尺）的军用货船改装的“太平洋探索者号”（Pacific Explorer），作为小型围网渔船的母船，使其能够将捕获的鱼类在船上冷冻，并运送到岸边的罐头加工厂，或直接利用这艘船在海上捕鱼。由于种种原因，这些实验被一家英国捕鲸公司抢去了风头，这家公司将一艘67米（220英尺）长的扫雷艇改装成“公平自由号”（Fairfree）渔船，并在船上配备了一套实验性的冷冻系统，1947年，该船完成试航。到20世纪50年代中期，英国和苏联一些规模较大的拖网渔船工厂，开始大量捕捞和处理渔获物，且渔船一次能在海上停留数月。不久，许多铁幕两边的发达国家均开始建造并经营船舶加工厂，经营范围几乎涉及所有现存的公海渔业区。工业渔业的拖网用于捕捞海底的鱼类，如鳕鱼；围网用于捕捞远洋鱼群，如鲱鱼；而高度洄游的公海鱼类，如金枪鱼，则需要人们采用延绳钓的捕捞方法；除此之外，还有适合中层水域的大型新式拖网。这些新的捕鱼技术，令人们的捕捞范围囊括了几乎所有水平和垂直范围内的海洋大陆架和斜坡。

战后渔获量的急剧增加，源自捕捞努力量的加大，这更加坚定了人们的信念：总体来讲，海洋资源是无穷无尽的。相比较而言，工业化以前的渔民就意识到了密集捕鱼会导致捕获量减少，且已开始采取限制捕鱼的措施。战后的乐观主义根植于迅速扩充的渔业科学领域，这大大刺激了扩大渔业的野心，进而取代了限制渔业的思想。第一次世界大战前，欧洲曾深刻讨论过一些限制捕捞的措施，例如，关于渔网网眼的大小或规定被捕捞上岸的鱼身的长度等，但这些措施在很久之后才被迫付诸实施。在世界的大多数地区，限制海洋渔业的政策在主要鱼类种群数量迅速下降后才开始出现，这些政策试图通过实行国家配额和管制捕捞量达到目的。

大西洋渔业的管理机构出现在第二次世界大战之后。欧洲渔业科学家创建了战时“第二大渔业实验”（Second Great Fishing Experiment），这是一个在渔业恢复之前制定监管政策的契机，旨在维护战争期间恢复的更高水平的渔获储备。战前，英国科学家迈克尔·格雷汉姆（Michael Graham）展示了他“伟大的捕鱼定律”，他认为，渔业将从限制捕鱼中获益，而无限制的捕鱼将最终导致无利可图。[12] 虽然二战后粮食短缺使各国政府不愿限制捕捞，但北欧国家的确于 1946 年在伦敦召开了过度捕捞会议，并成立了有权颁布国际渔业法规的常设委员会。1963 年，该组织发展成为东北大西洋渔业委员会（Northeast Atlantic Fisheries Commission）。该机构为渔业管理科学奠定了基础，不久后，其他类似的国际渔业管理组织也加入了该机构。

渔业科学家从二战时的科学和技术中获得了一种技术手段，并推荐给渔场的管理者。格雷汉姆曾在炮兵弹道部队服役，让他有机会接触到了靶向数学原理。二战结束后，他重归渔业科学界，聘请了一位生物学家和一位数学家。这两位科学家的通力合作，实现了对鱼群动态储量的量化分析。1957 年，雷蒙德 • 贝弗顿（Raymond Beverton）和西德尼 • 霍尔特（Sidney Holt）发表了合著作品《试论鱼类种群的动态变化》（*On the Dynamics of Exploited Fish Populations*），被那一代人称为“圣经”，这本书为科学家们提供了一个简单的模型，可以用来估测在各种条件下的渔业产量。这一模型为那些渔业管理或管制方面的负责人提供了宝贵的参考。负责监督大西洋渔业过度捕捞的常设委员会接受了这一模式，并使科学家和管理者们相信，通过预测渔获量这种手段，人类对海洋的控制指日可待。20 世纪 50 年代末，英国鲱鱼产业的崩溃，促使科学家们加倍努力运用他们丰富的海洋知识，帮助捕鱼业寻找新的鱼群和鱼种。

太平洋的渔业呈现出不同的前景。战后，尤其是美国和日本两国均认为，渔业与地缘政治野心密切相关，特别是金枪鱼和鲑鱼这两种鱼主导着国际关系。当美国的金枪鱼储量开始下降时，圣地亚哥的金枪鱼船队便向南迁移，寻找可用来制作罐头的鱼类，这一动作首先激怒了墨西哥，然后是中美洲和南美洲国家，这些国家对美国人在他们的沿岸捕鱼感到不满。与此同时，美国也在尝试阻止日本渔民从布里斯托尔湾（Bristol Bay，位于阿拉斯加附近的白令海的最东部）捕捞鲑鱼。一位充满活力的创业型渔业科学家威尔伯特·查普曼（Wilbert Chapman），在美国国务院设立了一个渔业职位，并利用该职位制定了一项战略举措，以实现在远离美国海岸的地方捕捞金枪鱼，同时又能防止日本人在靠近美国的海域捕捞鲑鱼。

与迈克尔·格雷汉姆相比，查普曼认为，减少捕捞是在浪费渔业资源，但他与格雷汉姆都认为，科学捕捞是扩大产量的关键。他抓住了最大可持续产量（MSY）的概念，这是由科学确定的捕鱼水平，为的是确保最大限度地利用渔业资源。1949 年，他将这一概念引入美国渔业政策之中。查普曼在谈到赫胥黎的观点时指出，渔业必须保持开放，除非科学研究能够证明，出于保护的目的有必要将其关闭，这为美国人在外国海岸捕捞金枪鱼和为自己保留布里斯托尔湾的鲑鱼打下了基础。虽然最大可持续产量听起来很科学，但是查普曼并未在科学杂志上公开发表过有关它的文章，也没有依据科学文献深入讨论这个概念。最大可持续产量最初只是一个政治概念，直到后来，渔业科学家才建立起数学模型，确定最大的捕捞水平。最大可持续产量基于如下几个假设，包括捕鱼对鱼类种群的好处：其一，捕捞大鱼会为小鱼留下食物；其二，即使在持续的捕鱼压力影响下，鱼类存储量也能自行恢复；其三，在市场自由的影响下，人们将会采取行动以保持鱼类的存储量。

20 世纪，全球捕鱼量与日俱增。第一次世界大战开始时，全球渔获上岸量为 900 万吨，到了第二次世界大战前夕，跃升至 2070 万吨。20 世纪 50 年代到 60 年代，渔获量不断攀升，在 1961 年高达 2740 万吨，1970 年更是猛增到约 5500 万吨。战后的技术革新让新材料不断应用到传统捕鱼法中，甚至融入古老的捕鱼方法之中，例如用尼龙代替天然纤维制作渔网。二战时，为潜艇研发的声呐技术，让传统围网在捕获鲱鱼等远洋鱼类时如虎添翼。有时，探测鱼群的探鱼机与回声测深仪同时使用，帮助渔民围捕整个鱼群，而且机械传动装置能够确保巨大的渔网被成功回收，且不会有漏网之鱼。产业化捕鱼使渔获量以惊人的速度增长，无疑体现了捕鱼业规模上的变化，但也使海洋中的各个部分都能被拥有灭绝级捕捞效率的技术所触及。最后，随着某一区域的渔获量不可避免地下降，这些渔船又会前往远离母港的地方或较深水域寻找和开发新的鱼类资源。在 20 世纪六七十年代，越来越多贫穷的、新独立的亚洲和非洲国家，开始在离岸的海域捕鱼。

尽管格雷汉姆坚持认为，某些渔场需要监管，但同时也认为，海洋是未被开发的财富之源，是人类活动无法影响的地方。他在 1956 年写道："对人类来说，这里似乎自始至终都是一个伟大的母体，我们既无法玷污，也不能掠夺。"[13] 由专家学者管理的产业化渔场遍布全球，因为发达国家的人们牢记了授人以渔的箴言：一条鱼只能解一时之饥，掌握捕鱼的方法才是长久之计。他们向发展中国家提供的技术援助，不仅针对农业，还包括渔业。这从侧面反映出冷战时期紧张的政治局势，以及对与日俱增的全球人口过剩问题的担忧。一些使用古老捕鱼方法维持生计的地区，引进了现代拖网渔船和渔具。渔业科学家向发展中国家的地方技术官员传授如何利用新模式管理不断扩大的产业化渔业，这种科学教育的目的是达成现代化渔业、经济和社会的相互结合。尽管技术和科学在 20 世纪支持了渔业和其他海洋传统用途的快速发展，但人类与海洋之间的关系仍是一种人的关系，根植于政治、意识形态和野心之中。

1968 年，加勒特·哈丁（Garrett Hardin）发表了文章《公地的悲剧》（*The Tragedy of the Commons*），阐释了人们出于

个人目的过度使用牧场等公共资源的趋势。[14] 在这篇文章中，他简明扼要地提到了海洋自由的概念，加勒特将鱼类和鲸视为一种公共资源，但历史学家卡梅尔·芬利（Carmel Finley）却适时地指出，各国政府和科学家们制定的相关政策，让全球捕鱼业和捕鲸业均处在个体支配之下。[15] 令人感到可悲的是，哈丁的论文暗示了控制公共资源的不可能性，并且，其中最典型的论点也对促使过度开发海洋资源的政策和观念起到了掩盖作用。

在捕鱼业发展的同时，海洋的其他传统用途也在快速发展，例如，将战火燃烧到深海，冷战时期延续了潜艇战，还有全球航运业的急剧扩张。所有这些活动都加强了人类和海洋之间的联系。但略带些讽刺的是，人们对海洋相关工作的认识和参与程度，随着对海洋开发水平的上升反而下降了。在 19 世纪和 20 世纪，海洋成了人们的游乐场和疗养地，而对逝去的航海历史的怀念，也定格在前工业时代。在此之前的几个世纪里，海员、制图师和读者都曾将海洋理解为凌驾于人类社会之上的活动场所。一旦海洋的变化超出了人们的想象，海洋就站在了历史和社会的外缘。人们为永恒的海洋设想了一个乐观积极的未来，因为传统海洋活动与海洋新用途的结合，映射出战后人们有信心去认识和控制海洋。

| 第六章 |

海之边疆

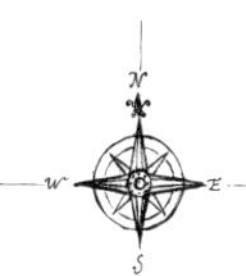

毋庸置疑，人类必须走进海洋。在这件事上，我们没有选择的余地。如此快速增长的人口榨干了陆地上的资源，长此以往，我们必须另觅他径，去找寻新的丰饶之地。

——雅克·库斯托（Jacques Cousteau），

《寂静的世界》（*The Silent World*，1953）

试想这样一幅画面：一个平坦而广阔的开放空间，拥有着无限的农业发展潜能。广袤的牧场等待着一场大丰收，肥美的牧草为大批牲畜提供了丰富的食物，而牲畜又为不断增长的人口提供了肉类和牛奶。在这些广阔平原周边的森林里，栖息着各种各样的动物，它们的皮毛光滑而柔软，吸引着全球定居点和工业区的资本向外流动。大海深处埋藏着无尽的矿产资源，等待着工程师研究出新的技术将其开采、变现。天空中无数飞鸟展翅翱翔，海的第三维度——大海深处，蕴藏着丰富的鱼类资源。

以上包括鱼类资源在内的描述，或许唤起了美国西部所谓的“边疆开发”热潮。实际上，该描述表达了 20 世纪中期企业家和投资者的看法，他们欣喜地认为，公海在采掘工业、经济作物甚至是畜牧方面，具有无限的潜能，并对这一前景抱有热切的期望，就如同 19 世纪的企业家和投资者看好西部的土地资源一样。海洋一直以来都是征战之地，同时又拥有着丰富的资源。二战后的海洋文化，透射出一种“边疆”的概念，尤其是在美国科学家和工程师的心目中。海洋学、海洋科学和海洋工程，在二战时和二战后得到了飞速发展。“边疆”二字所蕴含的意义，为研究海洋科学赢得了资金，企业家希望借此创建一个可与高利润的航天工业相媲美的高科技海洋产业，而作家、读者和休闲人士则迫不及待地将大海视为可供亲身探索的“边疆”地带。

“边疆”成为描述海洋的一种方式，其灵感来自美国历史学家弗雷德里克·杰克逊·特纳（Frederick Jackson Turner）于19世纪末提出的大名鼎鼎（也可说是臭名昭著）的“边疆”理念。特纳所提出的关于美国西部边疆所具有的特征及其结论，被一些人欣然接受，这些人被称为最佳的“海洋开发支持者”，他们早已感知到大海的慷慨馈赠。似乎是在给特纳的论点提供微缩版论据一样，第一批移居美国西部的欧洲定居者主要是捕猎者和商人，紧随其后的是牧场主和矿工，然后才是自给自足的农民。随着农业集约化程度的提高，定居点规模日益扩大，最终形成了城市和工业。正如特纳所预见的（战后的海洋开发支持者与特纳所见相同），人们注定会通过大海获得无限的粮食资源，采掘业和制造业所带来的巨大财富，新的生活空间以及个人、政治和社会机构的持续发展机会。尽管到20世纪中叶，诸多历史学家对特纳边疆理论的内容和含义已产生怀疑，但事实证明，对海洋开发的支持者们来说，特纳对美国西部的论述仍有着不可抗拒的诱惑。特纳的“西部”创造了财富，为扩张提供了资源和领土，促进了创新和技术的发展，甚至还提升了个人主义及自我意识的完善，培养了民主和进步观念。

海洋开发的支持者认为，海洋同样会带来有关物质资源和生态环境方面的挑战，推动在未来不断取得新的进步。工程师兼著名作家西布鲁克·赫尔（Seabrook Hull）就是这样一位评论家，1964年，他列举了海洋可以作为边疆地带的几种方式。

在20世纪开放的两个伟大边疆——太空和海洋中，只有海洋近在咫尺、唾手可得，并且对世界上的男女老少都有直接的个人意义。下一场战争的胜负，可能取决于人们对它深处的洞悉，而非对外太空的畅想。大海是人类富饶的宝库，可以为人类提供工业生产所需的原料、生活所依的食物、身体所求的健康、思想所寻的挑战，以及灵魂所受的启迪。[1]

海洋是什么样的边疆？赫尔的观点代表了他那一代人的看法：海洋保证了食物和其他的物质资源的供给，激发出创新和制造业的挑战，并满足了人们知识和精神上的需求。

战后不久，将海洋比作“边疆”的理念随之产生，而该词汇也常常暗指经济潜力或新的科学知识。1953 年 11 月，在长期担任哈佛大学校长、美国国家科学基金会（National Science Foundation）和美国原子能委员会（Atomic Energy Commission）顾问的詹姆斯·布赖恩特·科南特（James B. Conant）的提议下，美国科学促进会（American Association for the Advancement of Science）举办了一场关于“海洋边疆”的特别会议。会议由伍兹霍尔海洋研究所（Woods Hole Oceanographic Institution）的一位海洋学家和麻省理工学院的一位工程师共同组织，会议主题包括海洋盆地的地质概况、海洋的生产能力和生物资源，以及提取淡水或矿物等资源的潜力。1954 年，美国石油学会（American Petroleum Institute）在《生活》杂志的头版刊登了一则广告：“在墨西哥湾的开阔水域，海上的石油商正乘风破浪，抵御着突如其来的风暴，开辟着美国的新边疆。”[2] 自此，人类与自然相抗争的一个全新领域，登上了历史舞台。

经济发展绝不是将海洋视为“边疆”的唯一理由，尽管它确实加强了这个比喻在科学探索和发现中的象征意义。海洋地质学家和地球物理学家均采用了“边疆”这一隐喻来表达对海底的想法——这里是最后的地理边界，尤其是深海部分。地球物理研究表明，海洋深处巨大的山峰、绵延的山脉、深海盆地和海沟，以及大断层带“依然等着人们去发现”。[3]1968 年，《深海探险家》（*Explorers of the Deep*）的作者将“年轻人，下海吧！”作为战斗口号，他在这本书中引用了 19 世纪新闻记者霍勒斯·格里利

（Horace Greeley）的口号：“年轻人，去西部！”[4]人们对海洋的开发潜力抱有很高的期待。支持者认为，就所有的实际用途来说，海洋蕴藏的资源无穷无尽。这一想法让全世界人相信，人类必须尽快在超出陆地范围之外的世界中，找到维持文明的新手段。毫无疑问，许多未来主义者将目光投向了太空，但20世纪60年代出版的许多畅销书的标题或副标题无不体现了海洋才是人类认定的“最后的边疆”。

《海底之城》（*City under the Sea*，1964）。该画由德国平面艺术家、未来主义者克劳斯·比尔格（Klaus Bürgle）所绘。

在未来，开发巨量的海洋资源离不开科学与工程方面的进步。和太空一样，深海也属于技术的边疆地带。通过创新，人们开发出海洋食物和海洋矿产资源的经济用途，人类潜水员在水下基地的生活和工作也要依赖技术创新。科学家和未来主义者缔造了将海洋视为边疆地带的新兴观点，这种观点在一定程度上借鉴了1945年美国总统富兰克林·罗斯福的开创性报告《科学：无尽的前沿》（*Science: The Endless Frontier*），它为美国国家科学基金会的民间科学资助奠定了基础。[5]这份报告对科学的描绘与特纳主义者对西部边疆的描述存在着许多相似之处，他们预测，对科学研究的投入将带来就业机会、健康繁荣，并将对创新、民主和进步产生促进作用。虽然当时的历史学家否认特纳的观点曾被用于美国西部的开发，但这一观点却在科学研究和海洋探索方面产生了作用。

二战时与二战后，科学与海洋的紧密联系促使“边疆”成为一个标签。不仅海洋学得到了空前的发展，了解海洋、控制海洋的技术似乎也亟待推出。今天的海洋科学史很好地阐释了海洋科学学科及分支学科的形成，如物理海洋学和渔业生物学。但从20世纪60年代开始，海洋科学似乎就准备将物理学、生物学与工程学、人体生理学和考古学结合在一起，以支撑一个全新的人类与海洋之间的联系，尤其是在深海领域。对海洋研究设施的规划，揭示了人们企图打造科学、工业、水产养殖业、管理和娱乐一体化的梦想。海洋科学的新蓝图涉及了人类在海洋工作、娱乐和生活的方方面面。

1960年，两部海洋著作令人们对海洋这个新边疆寄予了乐观和热情的期待，它们分别是罗伯特·考恩（Robert C. Cowen）的《海洋的边疆》（*The Frontiers of the Sea*）和阿瑟·克拉克（Arthur C. Clarke）的《海洋的挑战》（*The Challenge of the Sea*）。克拉克因其科幻小说家的身份和对通信卫星的成功断言而闻名于世，但他也发表过一些未来主义的纪实文学作品。20世纪50年代早期，在学习了潜水之后，他花了十年时间潜心研究潜水、与潜水相关的产业以及海洋写作，并经常将对海洋的探索与太空探索相比较。20世纪50年代初，考恩获得了麻省理工学院的气象学硕士学位，而后离开学术界，帮助《基督教科学箴言报》

（*Christian Science Monitor*）撰写科学报道。在漫长的科学写作生涯的起点，他曾创作了一部大获成功的海洋书籍，该书研究了可预期从海洋中获得的财富，从石油到矿物质，再到从鱼类和浮游生物中获取蛋白质。书中也提及了能源和淡水，以及那些其他实现周期更为遥远的可能设想。1960 年，深海潜水器“的里雅斯特号”（Trieste）载着两名男性进入了海洋最深处——北太平洋马里亚纳海沟的“挑战者深渊”（Challenger Deep）。这项技术成果似乎证实，人类即将征服深海。

克拉克和考恩的著作在同类作品中脱颖而出，这些书讴歌了即将从海洋中获取的财富，或预言海洋资源即将改善全球人类生活的能力。就像《海洋学新世界》（*New Worlds of Oceanography*，1965）这本书的书名所表达的那样，海洋是一个可与南北美洲相媲美的所在，如同文艺复兴时期欧洲人发现的新

阿瑟·克拉克正在潜水，地点可能位于锡兰（今斯里兰卡）。该图在 1955 年左右由他的潜水伙伴、商业合伙人迈克·威尔逊（Mike Wilson）在水下探险时拍摄。

大陆般的新世界。“边疆”一词频繁出现在与海洋相关的作品里，如 1968 年的《海底边疆》（*Undersea Frontiers*）、1973 年的《海洋学：最后的边疆》（*Oceanography: The Last Frontier*）、1976 年的《海洋：我们永远的边疆》（*Oceans: Our Continuing Frontier*）等。《丰饶的大海》（*The Bountiful Sea*，1964）和《海洋的财富》（*The Riches of the Sea*，1967）等书名则唤起了人们对海洋这个丰硕财富来源的期待。还有些书名侧重于体现海洋的某一特定优势，如《海洋矿产资源》（*The Mineral Resources of the Sea*，1965）和《海洋耕作》（*Farming the Sea*，1969）。与此同时，青少年读物也层出不穷，书名和标题十分相近：《深海边疆的挑战》（*The Challenge of the Deep Frontier*，1967）、《转向海洋》（*Turn to the Sea*，1962）、《水下世界》（*Underwater World*）、《深海探险家》（1968）和《水下空间：海底边疆》（*Hydrospace: Frontier beneath the Sea*，1966）。

对这些书的作者来说，海洋似乎是一片随时可供人类扩张的领土，有望供养不断增长的人口，并提供矿物质、淡水和能源，甚至有一天，海洋也会成为人类生存的空间。“水下空间”不仅是一个资源开采区，还是一个为子孙后代提供就业机会的新产业基地。

许多预期的海洋事业都涉及海洋的第三维度，并且离不开海中“潜水者”的努力。自给式呼吸器的商业化使用，将这种二战时专为大胆而英勇的蛙人所设计的军事装备，变成了一种可供普通人使用的潜水工具。新材料的诞生，加之对海洋科学的了解，以及工程和管理知识的进步，共同激发出不可名状的海洋开发设想。科学家、工程师和企业家们憧憬着，预期的海洋技术产业将与航空航天事业一决高下。

海洋开发的支持者也注意到更多针对海洋的传统利用方式。1959 年，一艘气垫船成功横渡英吉利海峡，引发了人们对这项新技术的热情期待。这项技术将让船主和船长不再担心珊瑚礁和浅滩对传统船只的威胁，还能开拓那些水手曾经必须小心翼翼避开的许多海域以及船只无法到达的地域，包括冰原雪域、农田、沼泽，甚至是熔岩地带。

与集装箱技术一样，气垫船技术旨在解决货物在陆地或海洋运输中的衔接问题，仅需使水上运输的货物穿过陆地，然后停靠在目的地。气垫船货运技术致使正在建设中的美国大型公路系统不再那么不可或缺。气垫船技术还将类似海洋自由的概念延伸到了陆地，也就是说，如果能够解决重大的政治阻碍，且海洋自由仍然是世界海洋制度的惯例，那么，气垫船运输的设想就会实现。然而，以上两个条件都未形成，气垫船运输也因此未能如支持者期许的那样变为现实。

在气垫船的下方，支持者还构想了一个潜在的货物运输系统，可以在海洋广阔的第三维度运行，实现在这个长期以来不属于任何一个国家的领域内自由移动。潜艇在两次世界大战期间发挥了关键作用，成为超级大国和少数发达国家军事行动和战略的基本要素。1954 年，美国著名的“鹦鹉螺号”核潜艇下水，确保了一次水下作业可持续数月不出水。随后，各种各样的实验潜水器打破了水下航行器工作深度的纪录。在这种背景下，海底货物运输计划成为新兴的海上石油钻探行业的附属项目。

在海底运输液体或气体有以下几个优点。首先，潜艇可以沿直线航行，避免了诸如风暴、逆流、海浪或海上交通等海面运输存在的问题。其次，深海的压强本就是一种资源优势，例如，某些气体必须在一定的压力下储存或运输。同样，海底环境可使这些资源免受温度变化的影响，并防止资源暴露于空气中而氧化变质。此外，海底运输还有一个重要优势：油轮往往在交付石油后空船返回，如果石油或其他液体被装在巨大的橡胶袋里，由潜艇牵引在海底运行，那么到达目的地后，这些袋子就可以随意折叠收纳，储存在一个小空间里，这样既节省了空间，又节约了燃料。

货物运输并不是唯一被海洋开发支持者想象成带有未来主义色彩的海底活动。海洋食物在海洋开发中一直扮演着重要角色，而制订该计划则是为了避免盲目随意地开发海洋。即便是采用由二战时国防研究成果新近改造的声呐技术捕鱼，所反映的也不过是人们以前认定的一种过时的狩猎模式。海洋开发的支持者指出，这种狩猎模式在陆地上早已为农耕模式所取代。水产养殖业的目标生物包括海藻、贝类、虾、龙虾和生活在海里不同深度的各种鱼类。一位自诩严谨缜密的记者致力于为读者呈现科学知识而不是科幻小说，1969 年，他写了一部关于海洋农业的著作，书中只对具体的实验进行了讨论，如作者自己如何养殖螃蟹和龙虾，如何尝试构建人造珊瑚礁，以及研究人工养虾的方法。他的“逻辑结论”是，海农最终必须生活在海洋里。[6]

关于海洋农业的讨论，不可避免地涉及全球人口增长的魔影，以及随之而来的养活如此庞大人口的挑战。科学家和技术专家经常明确表示，如能将浮游生物转化为某种蛋白质来源，便可为发展中国家饥饿的公民提供一种适合的解决方案，尽管这些科学家往往想象着本国公民可以享用到养殖的三文鱼。今天的渔业养殖活动只涉及一小部分物种和对近岸地区的利用，反衬出 20 世纪 60 年代野心勃勃的宏伟愿景的苍白现实，这些计划包括为公海施肥、在公海上放养鱼类、大规模捕获浮游生物，甚至是照管鲸群。

将鲸作为食物来源的观念由来已久，促使 20 世纪 60 年代的海洋开发支持者提倡放弃捕鲸，转而支持鲸的养殖。在今天看来，经营鲸养殖场的提议或许有些异想天开，但这一想法背后也有一定的逻辑：其一，鲸代表着蛋白质和其他大宗商品的来源；其二，人们担心现代捕鲸业会很快导致鲸绝迹。就像人们经常拿美国西部的野牛进行比较一样，通过圈养，这些大型的鲸可能会留存至后世。小吉福特•平肖（Gifford Pinchot Jr.）是美国环保运动的著名建筑师吉福特•平肖的儿子，他提议，可以将珊瑚环礁当作天然屏障。未来主义者设想，使用泡沫网将鲸封闭在巨大的海洋牧场，这片牧场的范围从鲸生长的极地地区延伸到它们生产的热带海域。克拉克在他的纪实类作品中充满信心地预测，未来几代人将把“农场”这个词与南极海洋联系起来，南极海洋的鲸数量便是“最大渔获量”的保证。[7]

克拉克 1957 年的小说《深海牧场》（*The Deep Range*）虽然在今天看来似乎荒谬可笑，但乐观地讲，它毕竟是建立在看似合理的科学基础之上。在这部作品中，未来的地球已经通过了以海洋农业养活世界庞大人口的挑战，那时的海洋被划分为用巨大的浮动收割器收割浮游生物的区域和专门用来饲养鲸的区域。新式的牛仔们在小型潜艇上作业，照料、驱赶鱼群，保护它们不受贪婪的虎鲸侵害；并对泡沫围栏进行合理的修复，防止逃跑的鲸从指定的收获区偷食浮游生物。还有一个想法，是培养像牧羊犬一样的虎鲸，以实现对大型鲸的放养，这也反映出人们训练海豚所取得的成就。

与任何美好的海洋故事一样，为了向读者展示这个奇妙的世界，这个故事从一位正在训练的新手捕鲸员开始讲起。新上任的典狱长沃尔特•富兰克林（Walter Franklin）被派往地球海洋工作之前，曾在太空中经历了一段失败的职业生涯，这一细节也在故事的结尾再次出现。克拉克的“深海牧场”与特纳的西部边疆理论非常相似，其中就包括对促进人类发展的关注。正如许多海洋开发支持者一样，克拉克认为，海洋不仅比外部空间更具挑战性，还能提供唾手可得的资源。

在与一位反捕鲸的佛教领袖意见相左时，时任鲸局局长的富兰克林竟然出人意料地同意寻求利用鲸获取奶制品而非肉类的可能性。与克拉克的大多数观点一样，该观点引发了当代科学调查的共鸣。早在 1940 年，生理学家就对海豚奶的成分进行过研究；到了 20 世纪 60 年代，他们发现几种海豹奶中的脂肪含量达到 50%，促使实地研究人员前往海豹、海象以及各种海狮的太平洋繁殖地，收集奶样本进行分析。人类幻想食用鲸奶的飞跃，并不比预测浮游生物汉堡的过程更长。针对这两种海洋食物的展望，青少年读物《海洋：一个新的边疆》（*The Sea: A New Frontier*）的其中一章做了详细介绍。1967 年，该书由加州教育工作者与斯克里普斯海洋研究所（Scripps Institution of Oceanography）合作完成。

开发海洋生物资源这一野心勃勃的提议，即便与束之高阁的科学技术联系甚微，却也响应了将海洋的第三维度视为边疆的群众呼声。一些想法被郑重其事地提出来，例如给大片海域施肥以提高生产力，或在海床上安装核反应堆、建立人工上涌区。1959 年，美国国家科学院（National Academy of Sciences）的一个委员会建议进行核反应堆试点研究。

用海底采矿经济分析首席研究员的话来说，战后的海洋开发支持者非但没有将海洋资源看作是有限的，反而信心十足地认为，海洋代表着“无穷无尽、取之不竭的物质文明宝库”。[8] 1961 年，新当选的美国总统约翰·肯尼迪宣称：“对海洋的了解不仅关乎好奇心的问题，更关乎我们的生死存亡。”[9] 在这个核恐慌的时代，一位转行当记者的前陆军军官弗农·皮泽（Vernon Pizer）在 1967 年自我安慰地写道：“如果所有的陆地资源突然消失，人类几乎可以在世界海洋中找到维持自身舒适生活的一切所需。”[10]

“一切”的含义莫过于此。上亿年来，人类依靠海洋实现交通运输，获取鱼类、盐和其他资源——包括贝壳、珊瑚、稀有的琥珀和昂贵的珍珠。战后，专家指出，新的海洋资源可能会增加或取代陆地上重要金属和矿物的来源；淡水可能从海水淡化厂流出，以满足沿海干旱地区的需要；潮汐或海洋热物质的能量可被开发利用；药理学家预想将海洋作为一种新的药物来源；石油、钻石和硫黄似乎也是潜在的海洋资源。

化学家列举了一桶或一英亩海水蕴含的成分，并在其中发现了至少 32 种元素，他们指出，只要能找到从海水中提取铜或金等微量元素的方法，就能将潜在收益转化为可观的收入。在海水中，重要的工业原料，包括盐、钾和溴的储量都非常充足。但海洋开发支持者认为，那些在陆地上容易获得且价格低廉的材料，如铜和钾，短期之内不会在海洋中得到开发。但是，很快就有几家企业脱颖而出，代表了一批能够从海洋中获取财富的全新的前沿产业。

溴是工业上第一个从海水中大量回收的元素。从传统意义上讲，这种元素间接地来自海洋，人们会焚烧海藻或远古海洋留下的沉淀物，然后提取灰烬中的溴用于染料制造、摄影和医药等领域。在发现了二溴化乙烯可溶解四乙基铅后，一种可以保护内燃机的汽油防爆剂自此诞生，但这也导致溴的需求量激增，于是，陶氏化学公司（The Dow Chemical Company）便学会了如何从盐井中提取溴以提高产量。1934 年，一家大型工厂每天可处理 2.27 亿升（约 6000 万加仑）海水，将溴从一种稀有元素转变为一种价格适中的工业原料，也因此扩大了从海水中提取溴的规模。

镁是从海水中提取的第二种元素，同样应二战时的需求经历了类似的转变。镁被用于燃烧弹、照明弹和其他军事用途。在发现德军将这种金属用于飞机制造，从而使飞机变得更为轻巧之后，盟军将战争所需的镁的预估量大幅上调。在高度保密的情况下，英国和美国开始开发从海洋中提取镁的生产工艺。1938 年，美国镁产量为 2400 吨，到 1943 年，这一数字激增至 24 万吨，价格则从 1916 年的每磅 4 美元跌至 20 美分。二战结束后，镁的产量依然居高不下，以至于一些观察人士疑虑，镁的民用用途是否会继续扩大以消耗新的产能。

一些公司认识到海洋资源开发的潜能，纷纷开始投资和研发。1966 年，总统科学顾问委员会（President's Science Advisory Committee）在一份关于“有效利用海洋”的报告中列出，美国已在近海石油和天然气工业中投资 100 亿美元，在沙子和砾石疏浚行业中投资 9 亿美元，而海底开采的硫黄和牡蛎壳的销售额也已达到 4500 万美元。到 20 世纪 60 年代中期，从海底油井开采出来的石油，已占自由世界使用总量的 16%。并且预计在其后的 10 年中，这一数字将翻一番。在全球范围内，有 100 多家公司在 60 个国家的水域开展作业，单在美国水域，每年便可开采价

想象中的未来海底石油工业：在先进技术和饱和潜水的支持下，石油的钻探、提炼、储存和运输都将在水下完成。

值 7 亿美元的石油和天然气。

新兴的海上石油工业技术，在战后一项最雄心勃勃的海洋项目中发挥了关键作用。该项目试图钻穿深海海底地壳最薄的地方，到达地幔层。地壳和地幔之间存在一道边界，被人们称为“莫霍洛维奇不连续面”（Mohorovicic Discontinuity），简称“莫霍界面”（Moho），因此该项目被命名为“莫霍计划”（Mohole）。“莫霍计划”于 1957 年提出，部分原因是为了解释当时仍具争议的大陆漂移问题。1961 年，美国国家科学基金会为该计划的钻井实验注资，服役的“卡斯 I 号”（CUSS I）由一艘闲置的海军货运驳船改装而成。自此，石油公司财团转而开始发展海上钻井能力。1966 年，由于开销不断增大，却又迟迟未能到达“莫霍界面”，该项目便被迫在运营阶段叫停，但这个项目向世人展示了深海地质钻探的可行性，且为石油工业的发展提供了技术参考。此外，由此诞生的动态定位技术被广泛应用，同时还实现了船舶在一个固定位置开展众多工业生产和研究的目的。石油公司还不断尝试从钻井平台、水面舰艇甚至是半潜式平台进行钻探，不过，这些平台均需拖至现场并锚定到位。一些与铺设管道和钻井作业相关的工作必须在水下进行。在墨西哥湾，人们雄心勃勃地不断在越来越深的水域钻探，激发了当时规模还很小的泰勒潜水打捞公司（Taylor Diving and Salvage Company）进行水下施工、潜水设备和技术的实验。凭借着公司领导者多年来在美国海军实验潜水部队（Navy Experimental Diving Unit）积累的专业知识和经验，泰勒潜水打捞公司于 20 世纪 60 年代中后期完成了在深度 30 米至 60 米（约 100 英尺至 200 英尺）的水下作业，并在其后的 10 年里进一步推进研究，并逐渐建立了该行业的国际标准。

该公司的成功依赖于技术创新，比如首个工业再压缩室、水下管道校准和焊接设备，以及提高潜水员在更深水域长时间工作能力的实验方法。在深水的压强下，人类潜水员肺部的气体会溶解到血液和组织中，因此，若潜水员过快返回水面，将面临痛苦甚至是可导致死亡的减压症，俗称“潜涵病”。20 世纪 30 年代，依据英国生理学家约翰 • 斯科特 • 霍尔丹（John Scott Haldane）对患有潜涵病的水下工作者的研究成果，美国海军研发了减压表。只要人体组织内含氧量达到饱和状态，即使是潜水时间延长，潜水员安全返回水面所需的减压时间也不会增加。石油公司希望能增大海底生产潜留时间与减压时间的比例，因此，迫切期待饱和潜水的发展。

不久之后，工程师和海洋开发支持者设想了海底石油钻探作业的全套方案，包括移动钻井平台和炼油厂的生产过程、巨大的海底储存设施、水下管道、核货运潜艇运送装满石油的橡胶袋，以及为海底工人提供工作和生活的场所。诺斯罗普公司（The Northrop Corporation）投资了一项海底综合设施的工程研究，计划将此综合设施作为石油钻探工作的大本营，并将其安装在深达 300 米左右（约 1000 英尺）的海底。升运系统可以将工人运送到这个三层结构设施的顶层。该设施的中层有五个向外辐射的侧厅，形状好似海星的触角，包括工人休息、就餐和娱乐的场所，以及一个实验室。该设施可容纳 50 名工人。较低的一层是电器、空气和其他系统的所在之处，以及通往三个石油钻井设施的隧道入口。该综合体估价为 650 万美元，相当于当时一艘考察船的成本。

海洋开发支持者报道了诺斯罗普公司的此项设计和其他石油工业的海底项目，他们认为，美国海军也参与了类似的实验。有人说，美国海军在墨西哥湾海底建造了一个容积为 18.927 万升的巨大石油储藏罐，这样的设施足以支持一个水下防御基地。一些海洋杂志记者认为，美国海军计划在全球的战略要地均建造这样的基地。

由乔治•邦德博士（George Bond）领导的美国海军饱和潜水计划则没有那么隐秘，被指派与他一起工作的潜水员亲切地称他为“甲板爸爸”。邦德在海军最初的工作是致力于提高受损潜艇的逃生概率。他对海洋的兴趣源于他的信念，即人类的生存将取决于开发水下作业的能力，以“提高人类利用占地球面积近四分之三的海洋生物圈产品的能力”。[11] 他将开发饱和潜水的实验项目命名为“创世纪计划”（Project Genesis）。他认为，自己是在扩大人类对海洋的统治，正如《旧约》起源故事中应许的那样。该计划于 1962 年和 1963 年进行了两场陆地实验室里的“潜水”实验，测试人类呼吸氦气的能力，以及在 30 米和近 60 米（约 100 英尺和 200 英尺）深水的承压能力，并激发了一些饱和潜水的深海实验。

美国发明家埃德温•林克（Edwin A. Link）在法国蓝色海岸的维勒弗朗什湾（Villefranche Bay），对创世纪计划的实验结果进行了首次海上测试。林克以创造飞行模拟器而蜚声海内外，开启了整个模拟器行业的大门。对水下考古学产生兴趣之后，他便将精力转向改进潜水技术。在国家地理学会（National Geographic Society）和史密森学会（Smithsonian Institution）的支持下，林克开发了一套让人能够在海底长时间工作的潜水系统。他亲自进入一个狭窄的圆柱形加压舱内，而后下降至海底，进行了 2~8 小时的首次海底实验。在 1962 年的“海中人 I 号”（Man-in-the-Sea I）实验中，比利时水下考古学家、寻宝人罗伯特•斯滕纽特（Robert Sténuit）在林克 60 米（约 200 英尺）深的加压舱中待了 24 小时，进行了多次模拟实验，成为世界上第一位海底观察员。

就在斯滕纽特取得这一成就的几天之后，在距离马赛海岸仅 160 千米（约 100 英里）的地方，雅克•库斯托进行了一项名为“前大陆 I 号”（Pre Continent I）或“陆棚 I 号”（Conshelf I）的实验，让人们在海底生活一周。20 世纪 40 年代，库斯托与他人共同发明了自给自足的水下呼吸器，并在战后得到大力推广。在法国政府的资助下，他将一个圆柱形钢体栖息地固定在 10 米（33 英尺）深的海底，为两名潜水员提供住所和作业基地。他们每天工作 5 小时，在水下负责建造隔网、拍摄鱼群和测量水下地形，然后回到这个名为“第欧根尼”（Diogenes）的栖息地。他们不仅可以在这里吃饭、睡觉，还能享受无线电广播、留声机、电话和闭路电视等娱乐设施。该计划被认为很成功，并直接导致了次年 6 月“陆棚 II 号”（Conshelf II）计划的实施。

“陆棚 II 号”已经远远超出了一个测试性海底栖息地的范畴，尽管它的初衷只是为了验证 5 名潜水员能否在一个相对适中的深度——10 米的海底生活和工作 4 周，以及能否下潜至 18 米（约 60 英尺）深的水域进行作业。其中，两名潜水员将在一个 25 米（82 英尺）深的小型前哨栖息地生活一周，并在接近 50 米（约 160 英尺）深的水中作业。出于对库斯托的潜水员或许能证明在海底长期工作的可行性的浓厚兴趣，法国的一个石油财团支付了一半费用支持该计划。海底观察员为库斯托的潜水器建造了一个水下机库，该机库被广泛应用于栖息地的探索研究、拍摄和其他活动。与斯巴达风格的前身形成对比的是，新的“海星屋”拥有独立的餐厅、生活区、休息区和工作区，并配有空调。潜水员中有一位是厨师，还有一名潜水员带了他的鹦鹉“克劳德”（Claude）一起在海下生活。事实上，海星屋既是电影片场，也是工作基地，这透露出另一家赞助商的身份——哥伦比亚电影公司（Columbia Pictures），这里曾是纪录片《海底世界》（*World Without Sun*）的取景地。

1963 年 4 月 10 日，美国海军潜艇“长尾鲨号”（Thresher）

在“陆棚 II 号”项目启动前两个月失事，沉入 2600 米（约 8400 英尺）深的水下，这为解决人类在深水中的生存挑战提供了紧迫且全新的军事动机。库斯托在地面潜水员可以到达的深度进行饱和潜水实验，并且大获成功。1964 年的两次尝试对这一概念进行了更长时间、更为深入的验证。林克让两名潜水员在离巴哈马 122 米（400 英尺）的地方停留了 49 小时，在这段时间里，他们利用一个充气式栖息地作为基地，成功进入了一个潜水减压舱。在乔治·邦德的监督下，美国海军的“海底实验室 I 号”（Sealab I）计划让 4 名潜水员在 7 米（约 24 英尺）长的栖息地于 60 米（约 193 英尺）深的水下生活了 11 天。这些尝试证明了饱和潜水的可行性，随后的项目即将探索这项技术在国防、科学和工业方面的贡献。

1965 年夏天，第二代栖息地项目“海底实验室 II 号”（Sealab II）和“陆棚 III 号”（Conshelf III）同时启动。尽管“海底实验室 I 号”曾在百慕大附近的温水中进行过测试，但第二代美国海底栖息地被安装在加州拉霍亚（La Jolla）的斯克里普斯海洋研究所研究码头的尽头，水深 60 米（约 200 英尺）。策划者旨在测试海底观察员在类似大陆架的寒冷海域中有效工作的能力，10 位美国潜水队队员在栖息地生活了 2 周，其中一位前宇航员斯科特·卡彭特（Scott Carpenter）在里面生活了 4 周。他的参与正是利用了公众对太空探索的兴趣。在“海底实验室”中的卡彭特和“双子座”（Gemini）太空舱中的前同事戈登·库珀（Gordon Cooper）实现了无线电通话，这段广为人知的问候，促使人们开始同时关注太空和海洋。

政府对此类研究在国防和太空探索方面的影响非常感兴趣，这些项目包括人类在压强下的工作反应研究、设备的测试与研发，以及利用斯克里普斯研究所的专业知识对海底的地质、生态和海洋动物进行研究。图菲（Tuffy）是一只接受过海军训练的海豚，可以为距离栖息地很远的岸上研究员传递信息和工具。让急于证明饱和潜水工业价值的组织者最自豪的便是与打捞有关的测试，比如测试一种用于帮助打捞被击落飞机的泡沫塑料，部署一种可以折叠的打捞浮筒，以及操作各种电动工具。他们对研究结果非常满意，并报告声称28位海底研究员在水下停留了450个工作日，在不利条件下完成了400多个小时的有效工作，并证明了栖息地

1965年，在加州拉霍亚附近的水域，由宇航员转型为海底研究员的斯科特·卡彭特站在“海洋实验室II号”上方，这是在他开展为期四周的下潜研究之前拍下的照片。

作为商业作业基地的效用。

在“海底实验室 II 号”任务结束的前十天，美国海底观察员与住在“陆棚 III 号”的库斯托和他的船员进行了交谈，“陆棚 III 号”位于摩纳哥以东、靠近费拉特角（Cap Ferrat）灯塔的地中海区域。为了应对在墨西哥湾、加州海岸和波斯湾新发现的石油储藏，栖息地被选在了深度 100 米（328 英尺）的水下，这促使石油公司开始探索潜水员在深度超过 90 米（约 300 英尺）的深水中作业的可行性。法语单词“oceanauts”（海洋探险者）是库斯托对这些水下研究员的称呼，他们在“陆棚 III 号”的两层球形栖息地内生活了 22 天，就像前几次实验一样，他们把潜水器当作一个移动基地，使用模拟井口安装和维护海底石油钻探设备。石油公司的管理者在巴黎通过闭路电视观看了潜水员在 45 分钟内更换一个重达 180 千克（约 400 磅）的阀门，演示了饱和潜水在海底石油开采中一个很有前景的应用。

海洋开发支持者预计，围绕海底栖息地进行的饱和潜水能力实验将诞生一个新行业。许多栖息地在 1965 年后建造并投入运营，包括佩里潜艇建造有限公司（Perry Submarine Builders, Inc.）建造的“水下实验室号”（Hydrolab），以及由极具创造力的科学家、企业家泰勒·普赖尔（Taylor A. Pryor）创办的玛凯山脉有限公司（Makai Range, Inc.）建造的“埃吉尔号”（Aegir）。然而，在“陆棚 III 号”实施之后，石油工业便与库斯托和其他的栖息地实验项目分道扬镳了，石油工业更倾向于内部开发技术，因此做出了相对安全的选择，让饱和潜水员生活在水面减压舱内，而非海底栖息地。1969 年，布朗鲁特公司（Brown & Root）的母公司哈里伯顿（Halliburton）收购了泰勒潜水打捞公司，泰勒公司利用这笔资金在路易斯安那州的贝利查斯（Belle Chasse）建立了一个研究和训练基地，该基地可以模拟深度达 300 米（约

1000 英尺）的潜水实验。

20 世纪 60 年代末，大部分新栖息地的建设资金均来自政府，而不再是私人投资者或企业家。如著名的“海底实验室 III 号”（Sealab III，建造完成但未投入使用），美国的“陨石 I 号”（Tektite I）和“陨石 II 号”（Tektite II）、苏联的“切尔诺莫号”（Chernomor）、日本的“海托邦号”（Seatopia）以及德国的“赫尔戈兰号”（Helgoland）。20 世纪 60 年代末和 70 年代初这段短暂的鼎盛时期，海底栖息地的设计目标已转变为科学研究和工程测试，而非人类潜水员完成工作的基地。

海洋技术工业部门预期开发所涉及的范围，远远超出了海底栖息地，并最终引发有关海洋所有权的问题，且由此导致海洋自由受到“侵蚀”。1966 年，总统科学顾问委员会预测：“在未来十几到二十年里，美国工业将处在海洋环境研究的前沿，并将取得重大、高收益的进展。”[12] 一时间，十多家投资海洋技术的新公司相继出现，且通常都是老牌国防或航空航天公司的子公司。1966 年，洛克希德公司（Lockheed）在《科学》（*Science*）杂志上刊登了一则广告，以提问的形式展现了该公司对海洋的新承诺：“人类研发之路将通往何处？”随后，该公司以浪漫主义的表达方式回答了自己提出的问题：“通往 20 世纪 70 年代的陆地交通工具，通往那遥远的星球和今天人类无法企及的海底。”洛克希德公司的主要研发项目从最远的外太空延伸到了海洋深处。[13] 1965 年，洛克希德公司宣布建立一个新的海洋科学研究设施；与此同时，包括北美公司（North American）、通用喷气飞机公司（Aerojet General）和通用动力公司（General Dynamics）在内的其他公司，也相继建成了类似设施。

虽然只有少数海洋科技公司真正建造了海底栖息地，但几乎所有公司都设计和建造了用于研究和各种工业用途的小型潜水器。例如，由通用动力公司创建的海洋动力公司（Ocean Dynamics）建造了一系列小型潜水器，如“恒星 I 号”“恒星 II 号”和“恒星 III 号”（Star I、II、III），用于内部海洋勘探或租给其他用户。同时，洛克希德公司建造了“深海探索号”（Deep Quest），西屋电气（Westinghouse）与库斯托合作建造了“深海之星 4000 号”（Deepstar 4000）。这些小型潜水器的使用寿命比海底栖息地更长。其中，伍兹霍尔研究所著名的“阿尔文号”（Alvin）或美国海军的小型核潜艇“NR-1 号”的工作寿命，各自延长了好几倍。但这些设计从来没有像预期的那样实现大规模的工业化生产，而且在其退役之后也未得到更新换代。

海洋工业技术部门期待将这些硬件设施和专业知识用于国防和工业等方面，其中，最令人期待的一项实践可能是从深海海底开采锰结核。锰结核是由锰、钴、锆和铜等矿物质构成的圆形球体，这些矿物质通常在类似于鲨鱼牙齿的物质周围生成。20 世纪 60 年代，人们对这种资源的经济潜能进行了热烈的讨论，许多人认为，这种资源可能是海洋中最有价值的资源。由于海底的锰结核会不断生成，一些支持者甚至吹捧它是“可再生资源”。美国海岸与大地测量局（U.S. Coast & Geodetic Survey）的首席海洋学家表示，一旦科学家掌握了促使它生成的条件，就有可能建立“金属养殖场”，甚至将海洋养殖的梦想延伸到非生物资源上。

海洋采矿业不仅关乎经济收益，而且是关乎国家利益的紧要问题。海洋的矿物资源，特别是锰结核，引起了人们对深海海底和尚未确立国际协议划分所有权的海底资源的关注。正如一位记者所言，西部边疆已成为不受法律约束的代名词，“在冰冷、充满敌意的海洋深处，人类和其所开发的技术正在迅猛发展，不过，遗憾的是缺乏监管这一边疆的法律”。[14]克拉克的小说《深海牧场》

反映了人们的一种普遍观念，即对海洋资源的利用，有可能导致各国各自开发海洋资源的终结，并迎来一个实施国际治理和资源集体所有制的时代。如果没有强有力的国际法，或是单一的世界政府，在全球范围内实现鲸养殖或浮游生物捕捞将困难重重，甚至是痴心妄想。

这种国际主义理想与资本主义工业的现实相互博弈，对资源的控制是新兴海洋企业获得大量投资的先决条件。海底及其非生物资源的潜在军事用途，引发了发达国家对其沿海地区实行国家控制。在这个技术乐观主义肆意横行的时代，对海洋的政治控制问题，尤其是对海底和海床的控制，似乎成了释放新工业唯一的严重阻碍。《海洋的收获》（*Harvest of the Sea*，1968）[15]一书的作者约翰•巴达克（John Bardach）曾警告世人："在我们能够殖民海洋之前，必须为海洋内部和海底资源的共享设定新的法律观念。"

20 世纪五六十年代，人们所展望的海洋新用途，大多涉及海洋的第三维度。海洋开发支持者对"边疆"这一隐喻的接受，让人们注意到水下领域和海底世界在 20 世纪 50 年代末至 70 年代推行的"海洋法"中所发挥的重要作用。19 世纪的拿破仑战争后，英国强化了海上贸易自由和航行自由，并实行了 5 千米（约 3 英里）领海政策。1930 年，国联试图编写国际海洋法，结果以失败告终。原因是沿海小国希望能保护超过 5 千米的渔业发展，但公海的自由与开放理念依然被各国广泛接受，在 1945 年之前，世界范围内并没有出现明确的海洋领土主权宣示。第二次世界大战以后，海底石油资源这一新前景成为海洋发展的新方向，除此之外，还有传统鱼类资源的再开发。

1945 年 9 月，就在战争结束后，美国时任总统哈里•杜鲁门立即发布了两个公告：其一，美国将规范海岸地区的渔业发展，尽管这些区域依然属于公海范围，并且不设航行限制；其二，美国声称对其从海岸线延伸到近海的大陆架资源拥有管辖权。杜鲁门宣言引发了学术界的“20 世纪大海潮”。[16] 现行的国际法没有任何规定阻止这种掠夺，这引起了人们对隐藏在深海中的潜在海洋资源的关注，包括那些海洋鱼类以外的资源。作为回应，一些国家对邻近的大陆架提出了类似主张，仅以智利、秘鲁和厄瓜多尔为例，这些国家甚至提出了超出其狭窄大陆架界限 320 千米（约 200 英里）海域的要求。为了回应这些诉求，联合国编纂了有关海洋的国际法。1958 年，86 个国家参与了第一次联合国海洋法会议

出席 1958 年联合国海洋法会议的代表们。

（UNCLOS），通过了涉及领海、大陆架、公海和公海生物资源的四项公约。

此次会议依然保留了若干个悬而未决的问题，在 1960 年的后续会议中，这些问题也未能得到解决，包括领海的宽度、由模糊基线所带来的某国海岸外的管辖边界的界定问题，以及对未来海洋产业最为关键、亟待解决的大陆架的定义问题。但并非所有国家均接受 1958 年设立的公约。反对者大多是新独立的亚洲、非洲和拉丁美洲国家，更多新兴国家也纷纷加入它们的行列，捍卫自己控制沿岸水域的权利。但这导致它们与主要海洋大国之间陷入了法律的僵局，因为这些大国更愿意继续推行自由海洋的政策。直到 1973 年，第三次联合国海洋法会议才得以召开，因此，在 20 世纪 60 年代的整整 10 年里，这些重要问题一直没有得到解决，而海洋开发的支持者却在不断发展“边疆”的理念，企图实现他们所抱有的人类控制海底世界的愿景。

最终确立的法律制度，在很大程度上是围绕海洋和深海的预期新用途而建立的，尽管传统的军事领域和渔业也对其产生了一定的影响。海洋曾是冷战的中心舞台，强国的海军更喜欢狭窄的领海，因为这样可以最大限度地提高机动性，并同时将海洋的大部分保留为自由公海。远洋捕鱼者则反对改变传统的海洋自由，但沿海国家，特别是那些没有捕鱼船队的国家，大声疾呼反对远洋国家在本国的邻近水域捕鱼。石油公司和其他一些企业对传说中的蕴藏在海底深处的潜在财富难以忘怀，他们希望自己的国家能够拥有大陆架之上所有海床和水域的所有权，甚至包括 320 千米（约 200 英里）以外的海域。最终，专属经济区（EEZS）在海洋法设立的进程中应运而生。专属经济区被视为一种妥协，一面允许民用船只通行和军用船只过境，另一面将沿海水域和海底的生物、非生物资源保留给邻近国家。

1967 年，马耳他驻联合国大使阿尔维德 • 帕尔多（Arvid Pardo）在世界对利用海洋资源的乐观情绪达到顶峰时，提出了公海是“人类共同遗产”的概念。为了获得广泛支持，他提出一个设想：海洋的公海资源应被理解为地球上所有人的共有财富。他认为，分享来自海洋的财富，可以解决发展中国家的饥饿和贫困问题。这种利用地球迄今无人认领、无法获得的资源来解决深刻而紧迫的全球社会经济问题的战略构想，吸引了许多国家民众的关注。但海洋实业家并不欣赏这种国际治理的想法，他们认为，对海洋的利用在国家控制之下，才有可预测性。然而，大多数观察家意识到，海洋的某些部分必须保持国际性。美国著名海洋学家罗杰 • 瑞维尔（Roger Revelle）犀利地批评了划分海洋的想法：“从长远角度来看，这种将海洋划分为各国领土的后果仍需仔细斟酌，这样做的结果是将民族和国家的概念简化到荒谬的程度。”[17] 在海洋自由的传统意识和帕尔多愿景的结合之下，人们在各国专属经济区外保留了一个公海区域，但大家都没有意识到的一点是，人们希望利用海洋中未开发的资源来平衡一个不平等的世界，对这样一个并不乐观的前景，人们却抱有难以置信的乐观态度。

20 世纪下半叶，人们开始通过“边疆”的文化棱镜观察海洋。对潜艇战的研究，导致了海洋科学爆炸式的发展。海洋变成了一个科学家想要理解的世界体系。在第二次世界大战和随后的冷战中，深海展现了在地缘政治中前所未有的重要性。一些国家利用捕捞金枪鱼、鲑鱼和鲸等珍贵物种提出领土要求，尽管有些并不是正式的诉求，但依然涉及对国家权力的主张。对实际的和潜在的海洋资源的竞争，引发了一系列辩论和单边的国家行动，从而导致通过专属经济区对全球大部分海洋实施封锁。“边疆”的比喻催生了这样一种假设，即海洋资源本质上是无限的，工程和技术将使人类能够牢牢控制海洋及其深处。

对海洋拥有无穷无尽的矿藏和食物资源的看法，促进了将海洋视为一个工作空间的概念的形成，包括它的第三维度。逐渐地，海洋深处也被视为一个游戏的舞台，将海底世界引入流行文化之中，这在某种程度上呼应了 19 世纪的海洋探索之旅。下一章将讲述随着邮轮产业的发展，娱乐已成为海洋的主要用途，涌现出了激动人心的水肺潜水、鲸观赏和其他活动项目。如今，这些海上娱乐活动构成了一个经济领域，但却与 20 世纪 60 年代的人们对海洋进行的研究和海上作业的设想大不相同。关于海洋及其深处的边疆隐喻，在几十年的时间里，断断续续地被重新描绘成了一片荒原：一个独立于人类社会之外，但却需要人类保护的区域。

第七章

海之体验

没有人能在自己的宅院中造出火箭并将其发射升空，
但几乎所有人都愿意亲身探索地球内部的空间。

——亚历山大·麦基（Alexander McKee），
《海洋耕作》（*Farming the Sea*，1969）

鲸牧场、浮游生物汉堡、海底炼油厂和海底货物运输——这些20世纪60年代海洋开发支持者的梦想均未能实现，海洋深处也没有任何一处成为人类工作的场所。相反，由于拍照技术的出现，可接触的海底世界被重塑成一个可供人们嬉戏游玩的地方，一个一夜之间人们就可以通过个人接触和流行文化媒体感知的可见环境。在此期间，海底世界进入大众文化领域远比19世纪海洋探索阶段更为彻底和全面。通过娱乐设施和大众媒体，科学仍作为了解海洋的一种手段发挥着特殊的作用。1960年，当人们对海洋的痴迷达到巅峰时，科幻小说家阿瑟•克拉克曾说："每一个潜入水下的人都能成为科学家。"[1] 但与外太空不同的是，在1954年，任何人只要愿意且有能力花费10美元，购买一套包括呼吸管、潜水镜和脚蹼的轻装潜水装备，或花费160美元购置一套水肺设备——世界上第一种商业销售的自给式呼吸器，便可潜入海底世界。[2] 而在当时，一台彩电的价格要1000多美元。相比之下，探索太空依然是未来的梦想；1957年，苏联人发射了人造卫星"斯普特尼克"（Sputnik），并于1961年将太空第一人尤里•加加林（Yuri Gagarin）送入运行轨道。受"斯普特尼克"卫星的刺激，1969年，美国"水星号"（Mercury）飞船和"阿波罗"（Apollo）太空计划，让宇航员尼尔•阿姆斯特朗（Neil Armstrong）和巴兹•奥尔德林（Buzz Aldrin）成功登上月球。超级大国需要花费数十亿美元才能将少数人送入太空，而成千上万的普通人则开始亲自探索海洋的第三维度，还有数百万人通过书籍和影视作品进行海洋探索。他们的集体经验革命性地重组了人类与海洋之间的关系。

潜水员可使用潜水钟、安全帽套装或无设备传统潜水技术，但普通人并不能轻易参观到海底世界，所以人们对它的设想颇具想象力，有时甚至还带有些许创造性。在 19 世纪中叶之前的几十年里，人们还未发明水族馆，地质学家亨利·德拉·贝切凭借化石证据，首次绘制了关于深邃时间的图像，描绘了蛇颈龙、鱼龙和其他正互相攻击的泥盆纪海洋生物，这幅作品的创作灵感，很可能是受到了贝切在多塞特（Dorset）海岸潜水经历的启发。水族馆的出现向世人首次真正呈现了海底世界的动植物。小型家用水族箱将微观海底世界带入了私人住宅。19 世纪下半叶，大型公共水族馆建立，最早出现在英国伦敦和美国部分城市，而后扩展到欧洲国家和日本。这些备受欢迎的水族馆，先是向沿海地区和首都城市的居民及游客介绍海洋生物和水下奇观，到了 20 世纪初，又进一步向内陆居民展示海底世界。例如，建于 1929 年的芝加哥谢德水族馆（Shedd Aquarium）在整个 20 世纪一直是美国最大的水族馆。

1938 年，佛罗里达州的圣奥古斯丁（St. Augustine）诞生了一家名为海洋工作室（Marine Studio）的新机构，将海洋动物展览与蓬勃发展的电影工业完美结合。机构的创始人设计了大型蓄水池，使游客可以观看仿佛在屏幕上展播的水下世界。在那里，鲨鱼、蝠鲼和海豚的壮观身影，立刻盖过了水族馆陈列品的风头，这些体型巨大、引人注目的生物吸引了成千上万的游客。但吸引游客只是这家新机构的部分使命，为了满足电影和其他媒体日益增长的水下场景拍摄需求，创始人设计了可供电影制片人使用的大型蓄水池。

不过，第一部水下电影并不是在这样的大型蓄水池中拍摄的，而是直接在巴哈马群岛附近的天然水域中拍摄完成的，该片的诞生比上述海洋工作室早了 20 多年。约翰·欧内斯特·威廉姆森（John Ernest Williamson）是儒勒·凡尔纳和维克多·雨果的忠实粉丝，他在其船长父亲的发明基础上做了改进，使其可适用于船舶打捞和水下修复工作：他设计出一款类似手风琴、可以延伸和收缩的同心管，使在水下工作的人依然能够呼吸到干燥的空气。在同心管的末端，威廉姆森还安装了一个“光球”，这是一个球形的观察装置，摄影师可以通过安装在小船上的灯光来照明，拍摄水下的活动。1916 年，他受命为电影《海底两万里》拍摄水下场景，这部电影大获成功，无疑受到了密切关注潜艇战消息的观众的追捧。此后，威廉姆森致力于拍摄美人鱼和沉船、海底宝藏或海怪等题材的电影，并在 1936 年出版的自传《海底 20 年》（*20 Years under the Sea*）中记录了他的这些工作。他还与纽约美国自然历史博物馆和芝加哥菲尔德博物馆（Field Museum）的

使用约翰·威廉姆森的“光球”拍摄的一位女演员的水下照片。

科学家合作，为珊瑚礁立体模型收集各种珊瑚和鱼类标本。威廉姆森在整个职业生涯中专注于海洋实地拍摄，但大多数好莱坞导演更青睐大型蓄水池这种可控的拍摄环境，这无疑为海上工作室和类似机构创造了一个既成市场。

大约在海洋工作室开设之时，美国前飞行员盖伊·吉尔帕特里克（Guy Gilpatric）通过介绍轻装潜水这项新运动，邀请读者亲身体验水下世界。数千年来，世界各地的沿海国家都通过潜水活动获取食物或可用来交易的有价物品，有时在战争中也会用到潜水技术。古希腊就曾利用潜水员捕捞海绵动物，建造水下防御工事，破坏敌方船只或打捞沉船中的财宝和大炮。在亚历山大大帝（Alexander the Great）使用潜水钟探索海底的故事中，就讲到了他在水下的三天探访之旅，故事可能来源于他在围城之战期间派潜水员清除水下障碍物的史实※，又或许是他曾亲自使用潜水钟下海。在19世纪，少数科学家曾完成过一次或几次潜水，除此之外，潜水仍主要归属于军事或经济活动，更多是为灯塔或桥梁的建造奠定基础，或摧毁敌舰，实施海上救助。吉尔帕特里克在法国蓝色海岸温暖的地中海水域中发明了轻装潜水。他首先改装了飞行员使用的护目镜，使其具有防水能力，而后又发明了一种可在水下捕鱼的长矛。吉尔帕特里克还是一位作家，曾写过许多本书和一系列短篇小说，苏格兰船舶工程师格伦坎农（Mr. Glencannon）就是他笔下的著名人物。他还曾写过一本风趣幽默的指南《潜水镜大全》（*The Compleat Goggler*，1934），以此

※ 公元前332年，亚历山大东征时遭到了推罗（黎巴嫩城市）人民的顽强抵抗，亚历山大随即率领军队展开围城之战。期间，推罗人加固城墙并派潜水员割断马其顿舰队的锚索，又向海中抛掷大量石块形成许多石碓，致使马其顿的攻城舰队在远离城墙的海面搁浅。此次战役持续了大约七个月之久，最终，马其顿人清除了水中的石块，完成了对推罗的包围。

向人们介绍这项需要“睁大眼睛”的新运动。

和其他文化中的传统潜水者一样，大多数早期的轻装潜水者主要以捕捞鱼类和其他海鲜为主。在美国大萧条时期，为了养家糊口，潜水员再次拿起鱼叉下海捕鱼，即使是寒冷的加州沿海水域也毫不在意。然而，由“睁大眼睛”引发的潜水热潮，与将潜水作为工作的初衷背道而驰。20 世纪，大多数轻装潜水员进入海洋是出于娱乐目的，而不是为了生存、战争或有偿劳动。不过，在潜水完全向大众开放之前，二战时期，它为人们欣赏海军蛙人的壮举提供了新技术和灵感。在吉尔帕特里克的书出版后不久，一位在土伦（Toulon）服役的法国海军军官雅克·库斯托从朋友那里借来了一副水下护目镜。在第二次世界大战战前和战时，他便和几个战友一起摆弄潜水装备。

人们大规模参与潜水要依赖于技术创新，这些新技术改造了军用潜水设备，使水下作业更容易、更安全。库斯托与工程师埃米尔·加格南（Émile Gagnan）合作为潜水员开发了一种可以调节空气供应阀门的呼吸器，并在 1943 年获得了由此衍生的独立水下呼吸器（水肺）专利。起初，他们二人设想的潜水装备的主要用途是用于军事或其他专业性工作，但加格南在战后移居加拿大时，他们决定在北美销售水肺设备。

库斯托的水肺成了第一代可供普通人购买的自给式呼吸器。进入海底王国的技术，不仅催生了从海洋中撷取财富的雄心，同时将海洋的第三维度变成了一个娱乐场所。自 20 世纪 40 年代末水肺设备出现在商店货架上的那一刻起，许多人便开始加入到潜水的队列当中。潜水指南遵循了克拉克的建议，将海底运动定义为一种探索，避开单纯的海洋冒险，敦促人们潜心进行科学研究。到了 1970 年，一本名为《干杯烹饪》（*Bottoms Up Cookery*）的烹饪书向潜水初学者提出倡议，希望他们研究海洋生物的习性

1953 年《大众科学》杂志封面：潜水热吸引了成人和儿童走进水下世界。

以便成功捕猎。这本书的封面图片是一名潜水员正在用放大镜观测海底，由此说明科学是一种深入海底的有意义的探索方式，即使只是为了获取晚餐。

1949 年，最早采用进口水肺潜水器的人是美国加州大学（University of California）的两名研究生，以及圣地亚哥“海底捕获者潜水俱乐部”（Bottom Scratchers）的几名成员，该俱乐部成立于 1933 年，是一个闭气潜水狩猎者参加的俱乐部。20 世纪 50 年代，这里曾是潜水者的大本营，他们开创了使用水肺设备进行水下摄影、水下考古和海洋科学研究的先河。

到了 20 世纪 50 年代中期，“海底捕获者潜水俱乐部”与美国的 200 多家潜水俱乐部、世界其他地方的近 50 家俱乐部一起共享了海底世界。大多数俱乐部的名字都寓意丰富，这些组织的社会性质是培养潜水员、举办捕鱼比赛，并帮助潜水员与需要他

1939 年，圣地亚哥“海底捕获者潜水俱乐部”的原始成员们站在拉荷亚海滩上。左起：格伦•奥尔（Glen Orr）、杰克•科巴利（Jack Corbaly）、本•斯通（Ben Stone）、比尔•巴茨洛夫（Bill Batzloff）和杰克•普罗达诺维奇（Jack Prodanovitch）。

们的机构建立联系，比如，加入当地警察局的搜救行动。潜水历史学家埃里克·哈纳尔（Eric Hanauer）列举了三个很好的例子：林伍德城（Lynwood）的“戴维·琼斯突击者俱乐部”（Davy Jones Raiders）、洛杉矶的“海藻狂人俱乐部”（Kelptomaniacs）和长滩的“海滩之子俱乐部”（Sons of Beach）。这三个潜水俱乐部均位于加利福尼亚，那里也被人们称作“水肺潜水的孵化场”。

虽然大多数潜水俱乐部均选择在西海岸，但也有不少俱乐部在东海岸成立，包括纽黑文市一家名字听上去很有学问的“康涅狄格州人类捕鱼协会”（Anthro-Piscatorial Society of Connecticut）、纽约和佛罗里达的俱乐部，以及位于新英格兰的大部分州和新泽西的一些俱乐部。仅大西洋和太平洋海岸之间的俱乐部，就包括新奥尔良的 2 家、芝加哥的 4 家，以及位于密歇根和威斯康星等大湖区的其他俱乐部。此外，还有凤凰城内陆的“亚利桑那沙漠潜水俱乐部”（Arizona Desert Divers Club）。虽然 1956 年时，世界上大部分潜水俱乐部均位于美国海外领地或美国本土，但也可以说，这一时期，俱乐部在世界范围内是遍地开花：例如意大利有 24 家；澳大利亚 6 家；法国和墨西哥各 3 家；加拿大、南非和英国各 2 家；日本、阿尔及利亚和库拉索各 1 家。1958 年，来自 18 个国家的潜水员在比利时布鲁塞尔汇聚一堂，成立了一个国际性组织——世界水中运动联合会（Confédération Mondiale des Activités Subaquatiques, CMAS），并在摩纳哥设立了办事处。

美国水下协会（The Underwater Society of America）在国际协会成立一年后组建，其总部位于伊利诺伊州香槟市（Champaign），该协会强调，“海底”一词并不局限于海洋。一本极受欢迎的潜水指南的作者比尔·巴拉达（Bill Barada）这样解释：“每一次的新境遇都是一次探险，不仅是在海里。废弃的采石场、纤细的湖畔或是宁静的小河边等，都为探险提供了无限机会。几乎所有能够潜到的水域，都被轻装潜水员探测到了。”[3]

潜水者数量的增速比俱乐部还快。1949年，《国家地理》杂志发表了一篇关于圣地亚哥“海底捕获者潜水俱乐部”的文章，文中报道，当时南加州潜水者的数量大约为8000名。到了1951年，潜水爱好者有了属于自己的刊物《轻装潜水者》（*Skin Diver*），最初，它是由加利福尼亚州康普顿（Compton）“海豚潜水俱乐部”（Dolphins）的两名成员制作的休闲读物。1957年，该杂志的订阅者收到了吉尔帕特里克免费再版的《潜水镜大全》。《轻装潜水者》迅速成为最受欢迎的潜水杂志，因其取得的成功，一家出版公司在1963年将其买下。1965年，一本关于潜水的畅销书估计，当时美国约有600多万潜水者。

在休闲的水肺潜水发展初期，女性甚至是儿童都走进了潜水这个曾经是男性专属的世界。虽然军事潜水是男人的工作，但在1955年，美国国家蛙人俱乐部（National Frogman Club）的5万名会员中，女性会员也占了10%。潜水指南上印有妇女和儿童学习潜水的照片，似乎在向读者宣告这项运动的安全性。潜水训练和潜水衣的引进改变了这项运动，让所有人都可以参与其中。1959年，在《生活》杂志上刊登的一则AMF-Voit体育器材广告中，俄亥俄州内陆地区的谢尔比县（Shelby）“探险家邮政3号”（Explorer Post 3）船上的男孩正在互相协助穿戴潜水装置，准备在沃尔顿湖（Walton Lake）中展示他们新学到的潜水技能。[4]两年后，《生活》杂志的另一篇专题报道以《塞进蝌蚪里》（*Tucking in a Tadpole*）为题，描述了一张照片：一位曾任新罕布什尔州温尼珀索基湖（Lake Winnipesaukee）潜水教练的父亲，正在帮助四岁的儿子调整潜水衣和呼吸器。[5]

女性在潜水运动中同样当仁不让，创办了一批最早的水肺潜水俱乐部，并成为首批获得认证的水肺教练、水下电影明星和特技替身演员。“海底捕获者潜水俱乐部”成员的妻子和女友成立了第一个女子潜水俱乐部——海仙女（Sea Nymphs）。其中一位名叫塞尔·帕里（Zale Parry）的潜水员，曾在男友及其潜水伙伴因为太冷而无法下水时，开始用他们氧气罐里剩下的氧气潜水。她回忆道：“过了很久，我才开始使用新的氧气罐。我可能做了世界上最自由的攀登；对我来说，潜水只能算是运动的一部分。”[6] 1954年，帕里打破了女子潜水深度纪录，她成功地在60米（约200英尺）以下的深度潜水，这次活动由几家潜水公司赞助，他们希望向公众尤其是女性推广这项运动。后来，《体育画报》的

塞尔·帕里成为世界上第一位潜到水下60米的女性，而后登上了《体育画报》杂志的封面。

封面展示了帕里的成就。帕里是美国第三位获得水肺教练认证的女性，随后在电影行业崭露头角，她先是从事特技工作，而后又在系列电视剧《海底追捕》（*Sea Hunt*）中担任主要角色。

帕里的职业生涯向世人展示了女性参与潜水的可能，同时也为读者呈现了科学和通俗的海洋写作方法，将海洋转变为一个令人可以接近的环境。作为新兴潜水界的新星，她为未来的女性潜水员树立了榜样，通过参与水肺教学和电视工作，帕里积极地向世人宣传，海底活动令人兴奋且触手可及。科学家兼潜水员尤金妮·克拉克（Eugenie Clark）也通过她的日常生活、工作和写作证明，普通人同样能探索海洋。克拉克在其著作《手持长矛的女士》（*Lady with a Spear*，1953）和《女士与鲨鱼》（*The Lady and the Sharks*，1969）中，记录了她对自由潜水（屏住呼吸）和后来水肺的创新应用，以及对鱼类、无脊椎动物和鲨鱼的研究。对克拉克来说，潜水已成为一项家庭活动。她的丈夫是一名医生，两人在蜜月期间学会了潜水，而克拉克也教会了四个孩子这项技能。几十年后，另一位著名的母亲，植物学家、海洋探险家和作家席薇亚·厄尔（Sylvia Earle），也开始了她的职业潜水生涯。克拉克和厄尔在怀孕期间都曾进行过潜水，在当时的医生和专家看来，这不过是件稀松平常的事。克拉克通过自己的畅销书提出，潜水运动可以使普通民众了解海洋，她向读者保证："一旦你熟悉了大海，了解了大海，意识到潜在的危险，并知道如何避免，就可以在一个你永远不会真正了解的奇迹世界中恣意遨游。"[7]

克拉克和蕾切尔·卡逊（Rachel Carson）的著作，向读者介绍了二战后新形成的对海洋的科学理解。这两位作者拥有共同的文学代理人，且都对威廉·贝比（William Beebe）钦佩不已。20世纪30年代初，贝比乘坐他的球形潜水装置下潜到水下900米（约

海洋生物学家尤金妮·克拉克曾潜水观察鱼类、收集标本，并在后来的职业生涯中研究鲨鱼的习性。

3000 英尺）观察深海生物，并将所见所闻记录了下来。这个装置是一个带有舷窗的球形船体，通过钢缆下放到海中。在水下电影和公共水族馆博取公众兴趣的同时，贝比的深海潜水得到媒体的争相报道。贝比并非单纯为了打破潜水纪录才冒险下海，而是希望将自己的研究作为一种科学探索展现给世人，1932 年广播电台播发的一则关于贝比潜水的报道，以及另一次他和搭档奥蒂斯·巴顿（Otis Barton）利用潜水装置下潜的活动，都成了他的畅销书《下落半英里》（*Half Mile Down*，1934）中的文章标题。贝比在他关于深海鱼类的作品及其在黑暗深渊的经历中强调，人类于浩瀚汪洋来说渺若尘埃，不值一提。贝比在作品中着重突出了深水压强的危险、黑暗深海的敬畏和荒凉，以及磷光生物的绚丽多彩，将海洋深处描绘成一处崇高神秘又美丽壮观的所在，这是卡逊作品风格的延续。

威廉·贝比站在球形潜水装置的左边，右边为小奥蒂斯·巴顿，照片拍摄时间大约在1930年和1932年之间。

卡逊的著作《我们周围的海洋》（*The Sea Around Us*，1951）广受好评，这也是她的“海洋三部曲”中的第二部。作为一名学生，她在继续写作和科学研究之间难以抉择，因为她认为自己无法兼顾两者。随着卡逊选择了科学，她也开始了在渔业局（Bureau of Fisheries）——即后来的鱼类及野生动植物管理局（Fish and Wildlife Service，FWS）的公务员生涯。在工作之余，她会写一些脍炙人口的文章挣点外快。《海风下》（*Under the Sea Wind*，1941）是卡逊的处女作，追寻了鲭鱼属马鲛鱼、安圭拉鳗鱼和海鸥家族中一种名为剪嘴鸥的足迹。为了避免拟人化，卡逊从动物的角度描绘了包括海岸、公海和深渊在内的海洋世界，书中没有叙述者，人类只作为自然界中的捕食者或破坏者出现。读者不仅在书中看到了所有海洋生物间的相互依赖，还在卡逊用诗意和想象力重现的大自然永恒不朽的奇迹中，获得了对海洋生态的理解。这本书在日本偷袭珍珠港一个月前出版面世，尽管引发了热烈讨论，但销量却有些不尽如人意，无疑是受到了国际战事的影响。

战争期间，受政府资助的科学家进行了大量关于海洋的新研究，以支持潜艇战、空战、两栖登陆作战和海军的水面舰艇活动。战后，卡逊的工作内容包括编辑政府的有关新解密材料的报告，这无疑为她提供了一个近距离接触新兴海洋知识的契机。卡逊抢在其他作家之前出版了她的第一部畅销书，揭示了通过战时科学获得的对海洋环境的新认识。《我们周围的海洋》获得了许多奖项，包括美国国家图书奖（National Book Award）和由美国自然历史博物馆颁发的赫赫有名的约翰·巴勒斯奖章（John Burroughs Medal）。这部书在一年内售出25万册，并被翻译成32种语言，由此证明了人们对海洋的新探索兴趣盎然。她在致谢中列出了一份主要科学家的名单，从中不难看出，卡逊在创作这部书和其他科普作品时掌握了广泛而专业的人脉资源。《我们周围的海洋》获得的成功，促使卡逊辞去了鱼类及野生动植物管理局的工作，全身心地投入到写作当中。

虽然卡逊既不是水手也不是潜水员，但在创作的过程中依然抓住了下海的机会，曾陪同鱼类委员会（Fish Commission）的考察船“信天翁III号”（Albatross III）出海巡航，并与迈阿密大学新海洋研究站的负责人一同潜水。在“信天翁号”的甲板上，卡逊观赏了浩瀚无垠的海洋，联想到无限而漫长的地质时期，而从深海回收的渔网中满载的不可思议的海洋生物，更是给她留下了终生难忘的印象。迈阿密海面环境恶劣，因此，她只能做短暂停留，戴着潜水头盔的她在水下无比紧张，下意识地握紧了手中的梯子，可她依然在水下仰望海面的体验中心醉神迷、不能自已。她坚信，这种海洋体验对她的创作至关重要。

卡逊在申请全职写作的奖学金时说，她写这本书的目的，是“对地球海洋生命史中人类最有趣和最重要的东西进行富有想象力的探索”。[8]和同时代的人一样，《我们周围的海洋》中“海水里的宝藏”（*The Wealth of the Salt Seas*）这一章节所描述的内容，令卡逊印象深刻，而她想展现的是海洋在地球史和孕育生命方面所扮演的美丽而神秘的角色。[9]她没有在人类造成的破坏面前退缩，并且希望唤起人们对海洋的欣赏和对海岸的保护。

当然，女性并不像贝比那样只写一些关于海洋的通俗读物。1951年，《我们周围的海洋》和其他海洋书籍一起登上了美国

1952年，蕾切尔·卡逊与鲍勃·海恩斯（Bob Hines）在大西洋海岸的一个潮汐池里探索，照片正是摄于她的传世之作《我们周围的海洋》出版后的第二年。

畅销书排行榜，反映了读者对海洋的好奇之心，这些书包括托尔·海尔达尔（Thor Heyerdahl）的《孤筏重洋》（*Kon-Tiki*）和赫尔曼·沃克（Herman Wouk）的《凯恩舰哗变》（*Caine Mutiny*）等。妇女和儿童一般以非专业人士的身份广泛参与海洋活动，通过来自书中的想象探索着海洋，并以娱乐的方式身体力行地感受着海洋，从而促进了海洋的驯化。

对 20 世纪 50 年代第一代潜水者来说，在海洋被驯化前，危险无处不在。克拉克开始研究鲨鱼——长期以来，这种生物让海员们闻风丧胆；第二次世界大战期间，研究人员甚至试图发明一种驱鲨剂，以保护遇袭落海的飞行员，但以失败告终。章鱼、鲨鱼、海鳗和其他具有威胁性的生物，似乎对早期的潜水者构成了威胁。随着潜水者到海里打猎，人们也渐渐认识到，这些生物或许没那么可怕。不久之后，挥舞着长矛的冒险家加入了水下探索者的行列，其中不乏喜欢带着相机跟拍的潜水员，也包括只想单纯观察和体验海底世界的爱好者。日益丰富的海洋经验，让人们将巨型章鱼从海洋怪物重新定义为深海隐居者，同时还教会了潜水者如何应对像海鳗一样在周围游弋的生物，以确保自身的安全。潜水者认识到，鲨鱼的出现也许是不可预测的，但与将它们视为袭击人类的嗜血怪物的看法相比，这种不可预测的危险性要小得多。

在休闲潜水发展的头十年里，评论界人士一致认为，最大的危险不是由海洋造成的，而是人为因素导致的。潜水者突破现有设备和技术的极限，将自己暴露在“深水欣狂”之中，即人们常说的氮麻醉，这是因他们深潜时呼吸了过多的纯氧所致。这意味着要有更好的技术和训练，才能消除这种危险，而采用混合气体潜水确实降低了麻醉的风险。20 世纪 60 年代中期的潜水指南，采用了与克拉克一致的观点，认为海底环境本身是“一个安全友好的地方”，[10]至少在已证明的带有娱乐性的安全潜水区域是这样的。尽管有这样的保证，但《海底追捕》等电视剧的情节，还是将镜头转向了与鲨鱼相遇的可怕瞬间，以及为征服深海所做出的史诗般的个人斗争。

电影、电视节目和书籍将海底世界带入人们的脑海，带进了千家万户以及学校和当地电影院，在为读者和观众带来替代性经验的同时，也吸引了一些人开始尝试潜水。库斯托将自己在“陆棚 III 号”栖息地实验中拍摄的电影片段，卖给了美国哥伦比亚广播公司，并制成时长一小时的特别节目——这个明显的信号表明，他的工作地点正在从海底转移。失去了石油公司财政支持的库斯托，反而从电影和电视行业对水下拍摄的浓厚兴趣中获益。他 1953 年的著作《寂静的世界》激发了一部影片的创作灵感，三年后，该片获得了奥斯卡奖。随后，其他影视作品也开始将目光转向水下世界。1954 年，根据儒勒•凡尔纳的小说《海底两万里》改编的同名电影问世，吸引了大批观众的追捧，并成为经典之作。在 1955 年上映的怪兽电影《深海怪物》（*It Came from Beneath the Sea*）中，主人公是一位海军潜艇指挥官，一直在跟踪一只体型庞大且颇具威胁性的章鱼，这只章鱼可能由于氢弹测试的辐射而变得巨大无比。电影中，主人公头戴一个水中呼吸器，在海底与章鱼近距离搏斗——该情节似乎是受到了日本电影《哥斯拉》的影响。※同样在 1955 年，亿万富翁实业家霍华德•休斯（Howard Hughes）别出心裁地制作了电影《水底下》（*Underwater!*），该片由简•拉塞尔（Jane Russell）主演，同时推广了新的水肺技术。自 1958 年起，系列电视剧《海底追捕》

※《哥斯拉》是世界最长寿的系列电影之一，目前，全世界不同版本的影片共约32部。1954 年，日本的《哥斯拉》上映，讲述了在受辐射污染的海域中诞生一头身高达 50 米的怪兽的故事。

可谓赚足了人气，并给1960年类似题材的系列电影《水下任务》（*Assignment Underwater*）带来了启发。这两部风头正劲的作品，都在1961年暂时告一段落，同年，欧文·艾伦（Irwin Allen）的电影《航向深海》（*Voyage to the Bottom of the Sea*）上映，其同名电视剧于1964年起连续播出四年。1953年，艾伦将卡逊的《我们周围的海洋》（1953）制成了纪录片，虽然这部纪录片的不准确性和拟人化处理，招致了卡逊的不满，并饱受观众批评，但最终获得了奥斯卡最佳纪录片奖。就在“陆棚III号”潜水者搬进新栖息地的同一年，詹姆斯·邦德系列电影《007之霹雳弹》（*Thunderball*，1965）以长时间的水下动作场景震撼了观众。当然，影片中也不乏鲨鱼和坏人的形象。

水肺元素也成了各种广告的特色，尤其是一些与户外运动或探险相关的产品。水肺还会伴着七喜、百事可乐，以及包括百龄坛（Ballantine）啤酒和加拿大俱乐部（Canadian Club）威士忌等在内的酒精饮料一起销售。水宝宝（Coppertone）防晒霜似乎是潜水的必备佳品，而丹碧丝（Tampax）卫生棉条的出现，也受到了女性潜水员的追捧。实际上，包括奥斯汀希利（Austin Healey）、庞蒂克（Pontiac）、克莱斯勒（Chrysler）和水星（Mercury）在内的所有汽车制造商，都会利用水肺来推广各式车型。广告强化了电影和电视节目的影响，并且同潜水指南和科普书籍传达了这样的信息：水下不是一个危险而未知的领域，而是一个需要去亲身探索的神秘而美丽的世界。

在战后繁荣的几十年里，如此令人着迷的水下世界，吸引了众多西方富裕阶层和中产阶级游客。起源于古波利尼西亚文化的冲浪，历史比水肺还要久远，并于20世纪初在夏威夷重现，而后传播到澳大利亚和加利福尼亚。大受欢迎的电影《怀春玉女》（*Gidget*，1959）讲述了加州冲浪青年凯茜·科纳-祖克曼（Kathy

Kohner-Zuckerman）的真实故事，这部电影标志着冲浪作为一项受欢迎的运动开始兴起，“海滩男孩”组合（Beach Boys）更是在 1962 年推出了专辑《冲浪男孩的旅行》（*Surfin' Safari*）。在进行饱和潜水实验以实现海底工业计划的同时，人们梦想着在这个温和的水下世界里，游客可以住在建于珊瑚礁上的水下酒店中。1960 年，未来主义者满怀信心地预测，游客们有朝一日会登上某种喷气式装置，通过宽大的舷窗与亲朋好友挥手告别，之后，在导游的带领下，到远离酒店的地方游览。在 1964 年纽约世界博览会上，通用汽车公司的“未来世界”（Futurama）展览，将海洋深处誉为最新的度假胜地，向人们展示了如何掌控遥远而充满挑战的环境，包括南极洲和外太空。

虽然海底酒店的设想并未实现，但随着喷气客机取代远洋轮船成为跨洋运输的主要工具，20 世纪 60 年代末现代邮轮产业兴起，

1964 年纽约世界博览会“未来世界”展览中的亚特兰蒂斯水下酒店。

这种推行海洋旅游的活动在公海上大获成功。1977 年首播的热门电视剧《爱之船》（*Love Boat*）推动了邮轮行业的发展，呼应了流行文化作为一种了解海洋的手段在水肺运动中所起的作用。

“未来世界”的愿景，讴歌了人类对自然极限的征服壮举，而不再危险的海底王国也因此得到了新的隐喻。如果说克拉克与大批潜水爱好者驯化了海洋，那么，卡逊则创造了一种新的海洋中心主义：海洋依然神秘莫测，但也令人满怀敬畏，且心向往之。关于海洋的第三维度，卡逊坦言：“即使我们拥有所有用于深海探测和取样的现代仪器，也没人能保证可以解开海洋的终极谜团。”[11] 正如历史学家加里•克罗尔（Gary Kroll）指出的那样，尽管“边疆”一词深入人心，但许多作家和观察人士还是接受了将海洋视为“荒原”的概念。[12]1967 年，《生活》杂志将塔普•普赖尔（Tap Pryor）称为“海洋开拓者”，普赖尔曾是一名海洋生物学研究生，他创办了夏威夷第一个海洋馆——海洋生物公园（Sea Life Park）。[13] 除了公共水族馆，他还创建了海洋研究所（Oceanic Institute），以期海洋研究所的科研任务能够得到公园所获利润的支持。他的妻子凯伦•普赖尔（Karen Pryor）正是这些相关项目的合伙人，并负责训练海豚。第二年，《读者文摘》的一篇文章赞扬了这种将“激动人心的娱乐活动与一流前沿的海洋研究”相结合的尝试，称这对夫妇是“开拓潮湿荒原的先锋”。[14]

在海洋由工业场所转向需要全人类保护的广大水域的过程中，海洋哺乳动物，特别是海豚，显得十分突出。首先是人类对海洋哺乳动物的观念发生了决定性转变。以往人们认为，海洋哺乳动物仅仅是游动着的商品，作为鲸类动物，海豚曾被认为对渔场有害。有一家机构尤其努力地重塑海豚作为一种友好而聪明的动物形象。同样位于佛罗里达州圣奥古斯丁的海洋工作室，则为新兴的水下电影产业提供将科学与海下奇观相结合的服务。该机构的设施从建造之初，就将为海洋研究提供支持作为工作目标。20世纪四五十年代，科学家陆续来到这里，研究潜水哺乳动物呼吸的生理机能。战后，海豚交流和回声定位成为重要的研究领域。来访的科学家通过建议改善水质和动物的健康状况等支持展览，但海豚表演很快就盖过了其他活动的风头。

虽然最早的海豚训练源自传统的动物训练实践，但海洋工作室的宣传材料却偏向于宣扬其在科学方面的作用，而当伯尔赫斯•弗雷德里克•斯金纳（B. F. Skinner）将操作性条件反射用于这些哺乳动物的训练时，科学的作用也得以实现。20世纪50年代，一只被称为“受过教育的海豚”弗利比（Flippy）名声大噪，促使人们建造了一个可容纳1000人的体育场观看它的表演。饲养员举起三角旗示意弗利比开始表演，它便从一个纸制的圆环中跳过，按响了自己的晚餐铃。接着，它又表演了滚桶，最后用冲浪板拖着一名女性和一条小狗绕水池一周。不久之后，海洋工作室更名为海洋公园（Marineland），并在加州开设了一家公园，与1954年开业的迈阿密海洋水族馆相比，该公司抢占了市场先机。10年后，海洋世界（Sea World）在圣地亚哥开始运营。

新公园的游客也非常喜欢在电影中看到海洋哺乳动物的身影。1946年，《小鹿斑比》的制片人制作了迪士尼短片《为我谱上乐章》（*The Whale Who Wanted to Sing at the Met*），演员尼尔森•艾迪（Nelson Eddy）为片中角色威利（Willie）配音，这头友善、极具天赋的鲸，梦想能够为欣赏它的观众表演歌剧，当水手惊奇于威利的歌声时，一位著名的歌剧乐队指挥泰蒂-塔蒂（Tetti-Tatti）教授却不相信鲸会唱歌，认为威利一定是吞下了一个歌剧演唱家，于是便用鱼叉捕获了威利，希望能把腹中的音乐家解救出来。和《小鹿斑比》一样，这部电影也包含了悲剧色彩；但与《小鹿斑比》不同的是，虽然威利死了，但叙述者很快转移了观众的悲伤情绪，安慰他们威利会在天堂里继续歌唱。1963年的电影《海豚飞宝》（*Flipper*）揭示了相似的海豚进化印象：桑迪（Sandy）救了被鱼叉刺伤的飞宝，并想办法让他身为渔民的父亲相信，海豚不是敌人而是人类真正的朋友。

海豚表演为人们带来欢乐的同时，也让人们逐渐意识到，海豚是友好而聪明的哺乳动物。

展现1938年在海洋工作室喂养海豚的明信片。20世纪五六十年代，海豚表演的流行，使该机构更名为“海洋公园”，并成为一个大热景点。

然而，光鲜之下略有阴影，海豚研究揭示了雄性海豚的攻击性行为，而实验者对海豚大脑进行的侵入性实验，导致了许多海豚死亡。人们发现，海豚在水下会使用声呐来寻找物体，并发出声音相互沟通，这激起了军方进行鲸类动物研究的兴趣，也促成了一种科学观点的流行：海豚和其他海洋哺乳动物，都是高智商生物，相对于它们的体型来说，它们的大脑比人类的大脑还要大得多。一些未来主义者预测，学会如何与海豚交流将为人类接触外星生命做好准备。而更多潜心研究的观察人士，则以鲸类动物具有智慧为由，反对持续的工业化捕鲸行为。

约翰•利里（John Lilly）在冷战期间获得资助，开始对海豚进行实验。在20世纪70年代初，这些极具争议的实验受到了一次次调查，涉及利里对海豚使用迷幻药物，以及一些其他活动。利里的作品，包括他的书《人与海豚》（*Man and Dolphin*，1961），激发了许多作家和普通人的灵感，使其相信鲸类是高智商的生物，甚至可能是唯一比人类具有更高意识状态的动物。曼哈顿计划的物理学家、原子武器批评家利奥•西拉德（Leo Szilard）在其1961年出版的《海豚的声音》（*The Voice of The Dolphin*）一书中，讲述了海豚引导人类解除核武器的故事。活动家斯科特•麦克维（Scott McVay）读过利里写的第一部书，也读过他1969年的著作《海豚的心灵》（*The Mind of The Dolphin*）。利里希望读者通过自己的文字，理解人类生存与鲸之间的联系。麦克维与生物学家罗杰•佩恩（Roger Payne）合作记录并分析了座头鲸的天籁之音，由此诞生了专辑《座头鲸之歌》（*Songs of the Humpback Whale*，1970）。该专辑将活动家的口头争论转化为让数百万人难以忘怀的音乐，促使他们将这种声音视为海洋动物向人类发出的呼救之声。1975年出版的《水中之心》（*Mind in the Waters*）收录了多篇文章和诗歌，将鲸描绘成一种平和的生灵，一种可以利用自己的智力进行思考和交流的动物，而非会使用工具杀死其他生物的杀手。新兴的环保运动抓住了鲸作为纯洁、智慧的自然生物的象征，传达了它们正面临被工业活动残忍消灭的危险境地。

灰鲸成为鲸类动物生存的风向标。在所有哺乳动物中，迁徙距离最远的可能是灰鲸，它们在下加利福尼亚半岛（Baja

California）隐蔽的环礁湖中分娩和哺育幼鲸。1845年，在木制捕鲸船时代晚期，一艘驶往极地海域的美国船只意外进入了马格达莱纳湾（Magdalena Bay），无数正在喷水的鲸随即映入水手眼帘。自此，鲸成为渔业竞相争抢的目标。很快，船员便明白了为何灰鲸获得了“章鱼”的绰号，因为母鲸会为了保护幼鲸和自己与渔民搏斗。不久，捕鲸者学会了用鱼叉捕获幼鲸，以此将母鲸引诱到比较容易捕杀的浅水区域。19世纪50年代末，环礁湖附近的捕鲸活动十分活跃，仅在十年之间，灰鲸的数量就减少了约90%。最终，还是它们脆弱的生命拯救了自己。由于灰鲸数量的急剧减少，它们在1938年受到了国际法的保护，这比1985年国际捕鲸委员会颁布商业捕鲸禁令早了约半个世纪。1950年，一万名游客在加州圣地亚哥的卡布里洛国家纪念碑（Cabrillo National Monument）旁观看了灰鲸迁徙。五年后，乘船的游客能够更近距离地观察鲸。1967年，环境学家兼作家韦斯利·马克思（Wesley Marx）撰写有关灰鲸的文章时，人们认为当时的灰鲸数量约为6000头，较最初1000头成年雌鲸的最低点略有回升。目前，美国鲸类协会（American Cetacean Society）认为，灰鲸的个体数量已有1.9万头到2.3万头，几近它们的原始数量，这是一个“显著的恢复”。[15]

1967年，韦斯利·马克思的著作《脆弱的海洋》（*The Frail Ocean*）另开先河，标志着人们对十年狂热期间产生的那种海洋是无垠边疆的看法，已经发生了转变。当环保主义者将目光聚焦在捕鲸活动上时，马克思则把他对魅力非凡的巨型生物的担忧嵌入对海洋更加广泛的关注之中。他呼吁人们关注海洋污染及其对海洋生物栖息地的破坏，他警告说，尽管灰鲸受到了保护，但如果那些供鲸生产和哺育幼崽的隐蔽环礁湖边挤满了制盐工厂、深水港口或其他工业，它们的境遇仍将十分危险。马克思还指出，河口的疏浚或填砂往往会破坏重要商业物种的繁殖地，并呼吁人们关注鱼类及海鸟体内积聚的汞和DDT（双对氯苯基三氯乙烷），以及污水、未爆炸的弹药和倾倒在海中的其他物质构成的威胁。马克思的大部分忠告都与沿海水域有关，然而，近海水域依旧被人类看作不受污染的地区，除大鲸外的公海资源，仍然促使人们开展国际合作，公平分配这些资源，而不是努力加以保护。

后来，一次重大事件引起了环保主义者对海洋的特别关注。1967年，“托利·堪庸号”（Torrey Canyon）油轮在距英格兰康沃尔郡兰兹角（Land’s End）海滨度假胜地32千米（20英里）处发生溢油事故，揭示了利润丰厚且迅速扩张的石油工业为海洋带来的毁灭性灾难。三天之内，浮油扩散了超过250平方千米（约100平方英里）的海域和附近海滩，浮油起初在泄露地点附近积聚，在接下来的数周之内，扩散到远至法国布列塔尼半岛的海域。两年后，正如马克思在他的再版书中报道的那样，距加州圣塔芭芭拉（Santa Barbara）海岸10千米（6英里）外的一个石油平台下发生了轰动一时的井喷，导致石油扩散了2000多平方千米（约800平方英里）的沿海水域，波及了48千米（30英里）的海滩。媒体上有关石油侵袭致使鸟类死亡的报道，以及被淤泥覆盖的海滩的图片，吸引了公众的广泛关注。许多观察人士认为，此次漏油事件引发了全国对环境问题的重视。

尽管人们对鲸类的保护事业充满热情，对席卷海滩的石油泄漏感到愤怒，蕾切尔·卡逊的作品《寂静的春天》（*Silent Spring*，1962）和其他相关事件引发的一系列环保活动，却使海洋逐渐淡出了主流环境议题。1970年地球日、致命烟雾事件，以及1969年凯霍加河（Cuyahoga River）大火等内陆灾害，对美国造成了深刻影响，促使人们将注意力集中在清洁水（淡水）、清洁空气和其他陆地环保议题上。而本应引起关注的海洋环保议题，如过度捕捞或向海洋倾倒废弃物，则被认为是偏离了方向的担忧和行动。鱼类种群的崩溃并没有唤起相应的捕鱼限制，反而促使科学家努力帮助渔民探索开发新的种群和物种。海洋化学家则仍然秉持这样的信念：解决污染问题的办法就是稀释，且公海是倾倒各种废弃物的安全场所。

就像卡逊对DDT的研究一样，基于DDT对人类健康的威胁，食用有毒海鲜的危险也代表了地球环保运动的另一个特例。最早于1956年确诊的精神障碍疾病——水俣病，正是由于患者食用了被甲基汞污染的鱼类引起的。1966年，国际海洋考察理事会（International Council for the Exploration of the Sea, ICES）成立了该组织第一个海洋环境科学研究小组——渔业改进委员会（Fishcries Improvement Committee），以处理海洋污染问题和贝类消费品的安全问题。当然，贝类研究工作的最初动机与水产养殖相关，并不涉及环境问题。石油泄漏、赤潮和沿海水域的污染物，促使人们开展科学调查，并在一定情况下采取必要措施，防止未来事故的发生，或控制有害化学品以及营养素流入海洋。主流环保组织在海洋环境方面显得有些行动迟缓，但值得一提的

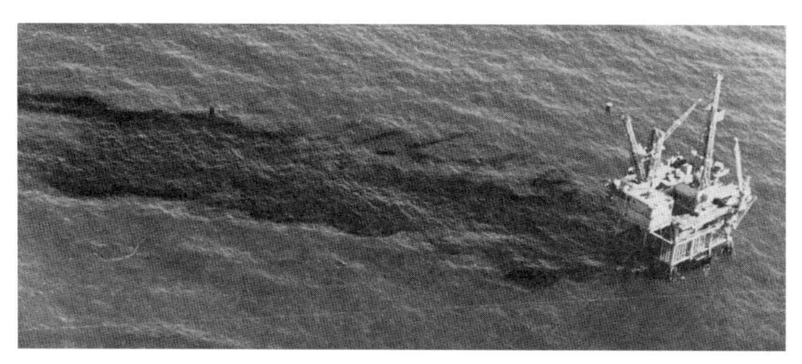

1969年1月28日，加州圣塔芭芭拉10千米外的一个钻井平台发生井喷事故，导致美国海域发生了当时最大规模的石油泄漏。

是，绿色和平组织（Greenpeace）是一个例外，而后来的海洋守护者协会（Sea Shepherd）则致力于终结鲸的捕杀。像塞拉俱乐部（Sierra Club）、奥杜邦协会（Audubon Society）和荒野协会（Wilderness Society）这样的老牌组织，依然是以陆地保护为导向开展环保工作，许多新成立的环保组织也是如此。从第一个地球日诞生到1990年地球日恢复的20周年间，人类所面临的紧迫环境问题包括能源、空气污染、雨林破坏、土壤侵蚀、臭氧枯竭和酸雨——总之，主要还是面向陆地的挑战。

20世纪60年代的正式环境保护运动以陆地为基础展开，正如19世纪后期的传统保护形式一样，政府采取各项措施保护森林、管理资源，以确保未来的需求。与此同时，受浪漫主义影响的倡导者主张保护荒原，从而保证城市居民和子孙后代能够体验到由此实现复原且不被开发的自然环境。最初，环保的重点区域是森林和山脉，而后扩展到沙漠、沼泽、平原和其他陆地环境，但却从未延伸到海洋，海洋仍被视为一个永恒的所在，一个不受人类活动影响的领域。虽然20世纪整个欧洲和北美的渔业科学家和管理人员纷纷倡导科学合理地保护和开发鱼类资源，但企业对管理海洋系统以取得持续最大产量的前景仍是信心十足。没有人站出来主张保护未被影响的海洋区域，海洋除了被视为可供开发的“边疆”之外，还被看作原始无垠的“荒原”。毫无疑问，海洋需要且应该得到人们像对待陆地、空气和淡水那样的保护，“边疆”这个标签使人们对海洋保护的认识迟到了整整一个世纪，这也许是荒原保护组织播下的种子刚刚结出了果实。

| 结语 |

大海已将一切妥藏，海洋即历史

时间如同大海，容纳万物，

它迟早会将我们淹没，

冲刷掉我们存在过的印记，

就像清晨它抹去鸟儿飞过的痕迹。

——蕾切尔·卡逊（1950）

在绪言的引语中，诗人德里克•沃尔科特将海洋比喻为封存着丰碑、战争、烈士和记忆的“灰色苍穹”，是这些历史的见证。他将海洋视为一个档案馆，不仅存放着历史证据与纪念标记，更承载着历史本身。相比于沃尔科特笔下的形象，或许卡逊祈求海浪将沙滩上的脚印抹去的描述更为人熟知。从表面上看，卡逊所指的似乎是永恒的海洋，但事实上，卡逊将时间比作拭去足迹的流水，暗示了人类和海洋之间相互交织的历史。海浪能轻易抹去一切生物留下的足迹，无论鸟兽虫鱼。时间于卡逊而言就如同海洋，但时间又容纳了海洋与世间的一切，“包含了早于我们之前的一切事物，同时也终将把我们吞噬”。[1] 对海洋和时间之间的关系，沃尔科特同样也做出了定义，认为“海洋即历史”。他为什么会产生如此的理解呢?

在人类与自然世界相互关系的更大谜题里，沃尔科特那不可思议的论断只是其中的一个疑团。环境历史学家威廉•克罗农（William Cronon）以芝加哥与其腹地的关系为例指出，“第一自然”（first nature）存在于人类之前并独立于人类之外，想要从这种虽非超自然，但却不可恢复的环境中解开人类行为的持久印记，必然徒劳无功。理查德•怀特（Richard White）在描述哥伦比亚河（Columbia River）的历史时，将其定义为一个“有机体构成的机器”，尽管这一机器系统已由人类改造，并嵌入了新的技术，但它的自然特性依然在持续显现。海洋等同于“第二自然”（second nature），尽管对于它作为地球上如此辽阔和令人生畏的一部分来讲，这种说法似乎有些奇怪。但本书认为，今天的海洋是人类的海洋，自海洋中的生命进化开始，海洋便与人类紧密相连。

今天，我们可能正处于对海洋的第三次探索之中，这是由海洋及其深海领域的可见性和海洋文化的可接触性增大引起的。15世纪和16世纪的海员发现了海洋之间的联系，使商品、人员和思想得以在全球范围内流动。这一发现推动了海洋的转变，使其从一个人类活动的空间，变成一个可以通过知识加以控制的空白领域，并在18世纪得以实现。尽管海洋在经济上的重要性持续至今，且有不断扩大之势，但在19世纪和20世纪初，大多数人经历的却是海洋从工作场所到娱乐休闲场所的转变。这一转变促进了大海与人类的分离，让人觉得大海似乎是不受人类活动影响的永恒所在。战后，海洋被隐喻为边疆，使人们进一步认识到了海洋拥有的无限资源，以及利用科技手段探索海洋新用途的无限可能性。当环保人士第一次凝视海洋时，它的永恒性构成了一个鲜有人承认的基本矛盾：一个独立于历史之外的地方，怎会产生如此巨大的变化和亟待解决的问题？直到最近，海洋及其对世界的作用，才引起主流媒体和普通人的关注。这种认识与我们在对海洋的理解中新出现的文化性转变同时发生，而这一文化性转变已开始颠覆人类过去对海洋永恒性和孤立性的认识。

长期以来，海洋开发的支持者认为，太空探索与海洋探索应并驾齐驱，然而出人意料的是，这一观点为人们重新认识海洋做出了贡献。略带讽刺意味的是，恰恰是这一贡献破坏了与太空和海洋紧密相连的边疆隐喻。虽然美国宇航局的目光并没有转回地球，但“阿波罗号”上的宇航员所拍摄的那些令人难忘而又广为流传的影像，仍然使人们注意到我们生活的这颗星球是多么与众不同。拍摄于1968年的图片“地球上升”（Earthrise），显示了一个充满活力的地球正从毫无生气的月球地平线上冉冉升起，这张在地球环境方面意义深远的图片发人深思，和其他拍摄于太空中的地球图片强调了地球的绝对边界，并将“地球号”太空船（Spaceship Earth，地球就像宇宙飞船，依赖自身的有限资源生存）的技术隐喻，演变为一种生态隐喻。拍摄于1972年的第一张地球全貌图，让观者大为震惊，因为该图呈现出地球周身环绕的是一望无际的海洋，而非陆地。这张照片被称为“蓝色弹珠”（Blue Marble），在一片漆黑、死气沉沉的太空背景映衬下，这颗蓝色星球显示出盎然的生机。正如阿瑟•克拉克所言：“当看到这颗星球明显被大面积的海洋覆盖时，称它为地球显得多么不恰当。”[2]

海洋成为行星的一个新特征，这需要一定的时间重新评估关于海洋的文化思想。在陆地环境运动的影响下，“地球号”太空船引起了人们对有限的陆地资源的反思，但也表达了尽管存在着一些环境问题，人们依然对利用技术控制地球的前景持乐观态度。在地球日设立后的几十年，1970年，海洋逐渐引起了少数活动人士和有关科学家的关注。1972年，一个名为“三角洲公司”（Delta Corporation）的小型组织成立，创立之初旨在保护海洋；但直到1989年该公司更名为“海洋保护中心”（Center for Marine Conservation）时，名字中才出现“海洋”一词；2003年，该公司成为“海洋保护组织”（Ocean Conservancy）。同年，另一个以海洋为主要阵地的组织“蓝色边疆运动”（Blue Frontier Campaign），也加入到环保活动的最前沿。旨在保护海豚、金枪鱼的环保运动，直到20世纪90年代才开始得到重视，兴起之初是为了防止货船压舱水中携带的非本地海洋物种流入全球港口。这种关切时有时无，且通常集中在当下的具体问题上，并未对海洋本身的环境问题给予重视。

最终，两个问题的出现打破了长期以来对部分海域进行间歇性监测的模式。首先是在20世纪90年代，西北大西洋有着数百年历史的鳕鱼渔场关闭，令世人震惊。这次渔场的关闭不同寻常，因为随着捕鱼压力的消失，鱼储量却并未像专家满怀信心预测的那样得到恢复。若想理解这其中究竟发生了什么，需要十多年的研究和反思。大西洋鳕鱼的过度捕捞，不仅使这种宝贵商业资源的供应量减少，实际上还改变了生态系统。自那时起，大量研究均已证实，世界各地的鱼类数量都在大幅减少。近年来，对渔业相关问题的认识，已经超出了专业著作的范畴，因此，对副渔获物、拖网捕鱼和沿食物链捕鱼给海底造成破坏的担忧，出现在主流媒体上，并在渔业和科学界之外得到广泛的讨论。有关水母成为餐馆"今日之鱼"的笑话，揭示了人们对海洋复杂的生态和经济现实有了更为广泛的文化意识和洞察。[3] 对鳕鱼渔业的破坏和随后

"阿波罗17号"（Apollo 17）宇航员在飞往月球的过程中拍摄的地球照片，摄于1972年12月7日。

捕鱼对海洋的大范围影响，最终撼动了坚持已久的“鱼类资源取之不尽，且海洋不受人类活动影响”的观点。其次是关于全球气候变化的大讨论。目前，对这一问题的科学研究揭示了海洋作为全球推动力的作用。海洋及其沿海地区也在气候变化对全球的潜在影响中占据着突出的地位。全球变暖产生的多余热量 90% 以上会被海洋吸收，从而导致海水变暖、许多物种的活动范围发生变化，甚至是一些物种的灭绝。海洋酸化是指海洋吸收了过多的二氧化碳，这种变化已经开始改变海水的化学成分，明显降低了许多海洋生物骨架形成时所需的碳酸钙含量。专家担心，这会对牡蛎和蛤蜊等贝类或浅海和深海珊瑚，甚至微小的钙质浮游生物等海洋食物链底部的重要支柱性物种，造成严重影响。这些严重影响促使地球工程的支持者提出了颇具争议的全球范围的行动，以减轻这些损害。向海洋中喷撒铁粉或矿物粉尘减少或吸收二氧化碳，似乎是一种便捷的解决办法，但这种干预措施的效果尚未得到证实，且有可能会带来意想不到的可怕后果。许多科学家和环保主义者不愿支持这种全球实验，而技术乐观主义者则担心，若不从现在起就开始这一领域的研究，海洋环境将很难得到进一步的改善。

海平面上升的趋势在许多地方已显露出来，而这对某些海岸的影响将远远超过其他地区。海水的温度越高，形成的风暴强度就越大，因此，全球范围都需要深度适应这些变化，例如，低洼岛屿国家的居民为了生存，需要迁移到新的陆地生活。今天，地球上大多数人口居住在海岸附近，这片区域大约占地球陆地表面的 10%。只有在非洲沿海地区和主要河流流域的人口比内陆少，但即使在这些地方，这种平衡也正因从农村向沿海城市迁徙的人口而发生了改变。在全球范围内，日益拥挤的沿海城市社区，也需适应这种海平面不断上升的态势，甚至有些社区将会被淘汰。

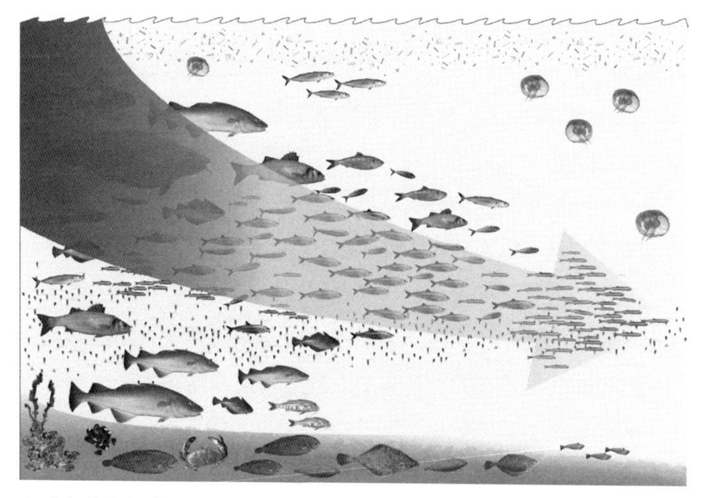

海洋生物学家兼摄影师汉斯·席勒韦特（Hans Hillewaert）所作的插图，灵感来自海洋科学家丹尼尔·保尼的发现，他以北海生态系统为例，探索食物链捕鱼实例。

观鲸、划船、垂钓、冲浪、水肺潜水等大放异彩的水上娱乐及沿岸休闲活动，与沿海渔业等传统用途，以及风力发电场和液化天然气码头等海洋新用途，形成了直接竞争。

过度捕捞和全球气候变化的例子表明，由于不合理的人类活动，海洋已发生了变化，且目前正在发生急剧的改变。一些专家认为，人类活动对地球的影响足以构成一个新的地质时期——人类世。人类活动引发的气候变化影响着海洋的温度、酸度和海平面。过度捕捞和海底拖网作业已经深刻地改变了海洋生态系统，其他用途对海洋同样产生了不可磨灭的影响。海洋的更深处、更遥远的部分，已经更坚定地融入了人类世界。长期以来，海洋一直被当作垃圾倾倒场，海面、海岸，甚至深海海底都难以幸免，无法生物降解的塑料充斥了整个海洋，尼龙幽灵网无休止地捕鱼，海洋动物误食塑料碎片，垃圾中的化学物质渗进海水。深海石油钻探的成功促进了不同资源（如鱼类和石油）开采者之间的竞争。2010 年，英国石油公司的“深水地平线”（Deepwater Horizon）钻井平台，在墨西哥湾发生漏油事件，事故带来的价值冲击与早些年代发生的海洋灾难破坏程度相当，但人们也因此提高了对经济和生态破坏的认识。尽管有批评人士指出，海洋钻探对全球气候问题造成了不良影响，但只要石油价格保持在足够高的水平，海洋钻探就会继续运作并不断扩张。事实上，海洋的任何角落都受到了不同噪声的影响，如利用地震技术勘探石油、巨型油轮和集装箱船发出的轰鸣，以及使用声呐技术开展海军行动。人类制造的声音就像一张无法逃脱的巨网覆盖着海洋，影响着依赖声音生存的海洋哺乳动物和鱼类的生活。这种噪声通常是人类听觉无法感知的，但它却会干扰动物们的进食或其他行为，也是造成鲸和海豚大规模搁浅的重要原因。

虽然战后时期构想的许多海洋的未来用途尚未实现，但海洋的经济地位依然十分稳固。鱼类是唯一仍被广泛食用且主要依靠野生捕获的食物，为世界大部分地区提供了关键的蛋白质来源——但水产养殖能否解决过度捕捞危机尚不明朗。而其他一些长期以来一直在使用的海洋生物资源的范围已逐渐扩大，例如动物饲料和肥料。生物勘探者从藻类、细菌和无脊椎动物等海洋生物中寻找有用的化合物。猖獗的海盗再次对海员和巨大的货船、游艇甚至游轮构成威胁。极地变暖对高纬度地区的生态系统产生了深远的影响，开辟出一度十分神秘的西北航道，并使商业航运和石油开采活动得以在北极地区进行。不过，北极地区还没有受到国际海洋法制度的管辖。虽没有单独的统计数字来量化与海洋有关的经济活动相对于陆基经济活动的比重，但许多研究已经证明，从地方到全球，与海洋有关的工业和活动是经济的重要组成部分。

科学家和政策专家对海洋环境危机做了很多，甚至可以说是极多的描述和分析。毫无疑问，要理解和解决这些问题，拥有最先进的科学技术至关重要。但从文化角度来看，长期以来，海洋并不被人类看作是与陆地一样需要并值得保护的地方，因此，无论海洋科学已经发展得多么丰富和先进，都还远远不够。正在发生的各种变化已开始向世人阐明，人类与海洋之间的关系需要进一步扩展。

海洋的一个关键变化是它由来已久的不透明性正在消失，因为任何对海洋有兴趣的人只要上网一查便可一览广阔无际、深不见底的海洋全貌。高品质的水下摄影为我们展示了生活在栖息地之中的海洋生物，即使是生活在地球的最深处也不会被人遗忘。通过电子跟踪个体鲨鱼和海龟，再连上互联网的应用程序，人们便可在海洋中跟踪其行迹。诸如 jellywatch.org 的公众科学网络，还会邀请海洋游客报告自己目击的海洋动物，以供科学研究之用。[4] 洋流动

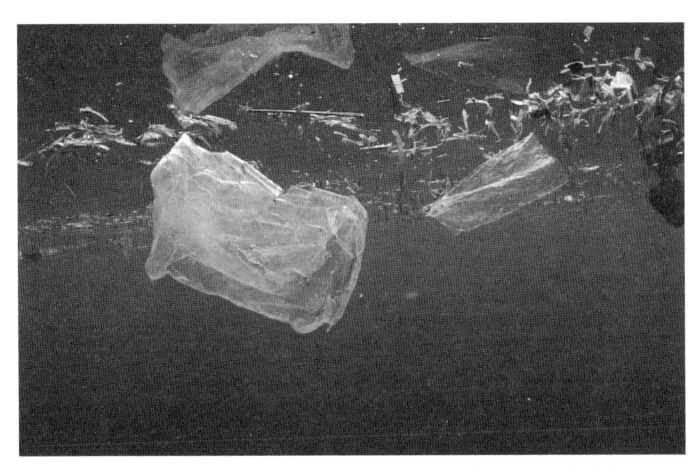

印度尼西亚苏拉威西岛（Sulawesi）北部的一个海洋公园——布纳肯国家公园（Bunaken National Park）。海水中的塑料袋严重威胁着误将其吞食的海龟的生命：这是海洋中塑料垃圾造成的众多危险之一。

画鲜明地展示了这些现象，观者会不禁联想早期世界地图中的图像，那时地图中的海洋地表水还有纹理。[5]浮标、遥控航行器、卫星和自动水下航行器等技术，收集了超出人们理解范围的大量海洋数据，相比之下，那些曾经从全球海洋航行中收集来的数据，则有些相形见绌。飞机在高空飞行时，机上的屏幕为乘客展播海洋轮廓和一些特定海底特征的视频，而在大西洋鳕鱼渔场关闭前，飞行员在第一代屏幕上看到的海洋，只是一片留白的蓝色空间。

海洋能见度的提高，直接导致了海洋活动参与者的变化。海洋不再只属于专家，普通人也开始意识到，海洋是地球和我们生活中的重要组成部分。我们习惯于从人类对海洋的利用和需求角度来思考：海洋可用于运输或作为国家权力的延伸，蕴藏着丰富的资源；这里可以是战场，也可以是怀旧和娱乐的场所。或许，我们刚刚开始因海洋自身的特性而承认和重视它的价值，也刚刚开始仅因它的存在和我们对它的严重依赖而心存感激。虽然与海洋有关的环境问题确实吸引了人们的注意，但它们过去也曾引起关注，却未引起文化上的思考。这种改变是怎么回事呢？虽然海洋能见度的提高自有实用性原因，但对海洋的第三次探索则取决于海洋史的重建。

渔业科学貌似不会成为人类获取海洋知识的来源，但对过去渔获量统计模式的研究，却让人类对海洋产生了革命性的深刻历史见解。1995 年，丹尼尔 • 保尼（Daniel Pauly）指出，他的研究团队和前辈均倾向于以其职业生涯开始时的鱼类储量和物种组成作为研究的起点。他敦促人们，要努力与这种“移动基线综合征”（Shifting Baseline Syndrome）做斗争，并寻找到延长我们研究时限的方法。20 世纪 50 年代的一个参考点忽略了 20 世纪上半叶渔业枯竭的现状。尽管有关 20 世纪 20 年代捕获的蓝鳍金枪鱼的大小，或 17 世纪单艘渔船捕获加勒比海龟的数量，仍只算是坊间传闻，但解决的办法不是要忽视过去有关的海洋事实，因为科学家在其工作寿命期间收集的数据是有限的，所以，这种情况会时有发生。基线概念的转变重新构建了对过度捕捞和关于海洋生态恢复的讨论，让我们认识到坚持海洋生态系统的历史性，并意识到需要扩大所考虑的时间范围，还要考虑到人们对海洋的认识随时间而变化。

今天对全球气候动态的理解，同样涉及应对厄尔尼诺这一深刻的历史现象。厄尔尼诺是一种赤道太平洋海面温度周期性升高和降低的大型变化模式，波及范围几近整个世界，带来的影响包括世界各地的干旱、暖冬或过度降雨。有证据表明，厄尔尼诺现象已经发生了数千年，而像在前哥伦布时期秘鲁的古代文明中，莫希人曾为了减轻暴雨对环境造成的破坏，使用活人祭祀。“厄尔尼诺”这个名字意为“小男孩”，揭示了西班牙殖民者和东南太平洋沿岸渔民对暖流的意识，暖流会在圣诞节前后到达并伴随着暴雨，对鱼群似乎也产生了驱赶作用。关于这一全球海洋现象的知识，很久以前就影响了人们的工作和生活。特别是根据1998年到1999年所发生的事件分析，这期间的“厄尔尼诺”现象许是有记录以来最强的，因而引起了当今科学家的密切关注。

突然之间，海洋不仅成为发现海洋酸化和营养级联现象（在多营养级中自上而下的链式反应）的自然科学家关注的焦点，而且也受到考古学家、地理学家、文学学者和历史学家的关注。人类史前和海洋史的证据都隐藏在海底，各国政府正采取行动保护已知的遗址，而水下考古学家则希望对这些古代沿海居民的水下遗址进行探索和调查。地理学家探索了世界各地的人们在海洋文化方面的差异，历史学家也开始意识到，海洋环境和人类活动需要且应该受到更多的关注。

伦理学与历史学共同塑造出一种新兴的海洋文化观念。海洋

不断变化的基准线意味着，每一代人都认为已经缩小的海洋生态系统是原始的状态。

生态学家和活动家卡尔·萨芬纳（Carl Safina）呼吁人们接受“海洋伦理”，这与1949年奥尔多·利奥波德（Aldo Leopold）出版的著作《沙乡年鉴》（*A Sand County Almanac*）中阐明的“陆地伦理”原则相对应。无论该原则对人类的真实效用如何，它都承认了自然世界存在的权利。利奥波德的道德号召对20世纪60年代的环保运动产生了深远影响，不过他对陆地的关注并未改变这场运动的陆地指向。今天的海洋中包括各种避难所、保护区和渔场，反映出我们越来越认识到健康的海洋生态系统在面对气候挑战时的复原潜力。避难所不仅可以保护海洋生物，还可以保护水下文化遗产，标志着人们对海洋历史遗迹的意识日益提高。就地缘政治的重要性而言，人们围绕着海洋政策、海洋法和海洋空间规划的讨论日益频繁，显示了海洋在当下比以往任何时期都更受重视。

虽然海洋的自然史远早于人类历史，但直到人类作为一个物种出现后，才有了关于海洋史的叙述，而其中又包括并涉及了人类本身。人类一直在海边生活着，当然并非所有人都是如此，但所有人都在不同程度上受到贸易、文化信仰和气候的影响，这些都与大海息息相关。自15世纪人类首次探索世界海洋以来，人类与海洋之间的联系就通过全球贸易、帝国扩张、工业化和自然商品化等介质，以工作、野心、想象和娱乐等形式被不断加强。海洋知识在强化和扩大海洋传统活动的同时，也激发并促进了海洋资源和海域的新用途开发。

人文学科的发展有利于解决海洋无迹可寻的特性。在美国俄勒冈州小道（Oregon Trail，迁移到美国西部的主要路线）上，当年定居者的马车驶过时的车辙依稀可见，相比之下，船只的尾迹则会转瞬即逝。普通人无法在海上感受过去，尽管暴风骤雨和石油泄漏等沿海事件的发生，可以让人们窥探到一些人类活动对

在一组风力涡轮机前的一艘休闲帆船——21 世纪海洋空间竞争使用的一个范例。

海洋的影响。虽然海洋物理和化学学家可以通过测量温差、海流或微量粒子来使广阔无垠、毫无痕迹的海洋变得易于理解，历史学家可以利用档案和其他资料还原海洋的活动，但对观察者来说，这些活动是不可见的，一旦渔民的渔网被拖上甲板，船的尾迹便再无踪迹，而上涨的潮水也会将岸边的所有脚印抹平。

1859 年，达尔文告诉世人，我们是自然的一部分。在一些语言里，以及许多浪漫主义者和水手的心目中，大海和船是代表女性的角色，是人类的文化遗存。从 1941 年出版第一部海洋著作《海风下》以来，卡逊便在写作时非常小心地避免拟人化处理，她在提醒我们，海洋是中性的。自 1734 年以来，一直提供航运新闻的专业报纸《劳埃德船舶日报》（*Lloyd's List*）在 2012 年改变了已保持了 278 年历史的编辑惯例，令传统主义者感到不快。在描述航船时，它用中性的商务代词“it”代替了原有的女性代词“she”。[6] 在文化上，将海洋和船舶视为女性的局限视角，与接受船舶作为受冷漠自然的海洋支配的无生命技术观点之间，存在明显的矛盾。如果我们接受海洋为自然力量与人类构造相结合的第二自然——人类海洋，这种冲突便不复存在。

反观地质年代，我们就会认识到，我们对海洋的需要超过海洋对我们的需要。事实上，它根本不需要我们。科学家预测，如果人类从地球上消失，珊瑚礁和大多数海洋物种将得到恢复。卡逊试图以她在著作中勾勒的奇妙神秘的物理和生物世界，来传达这种积极乐观的变化，许多读者也确实受到了她的感染，积极投身于环保事业。然而在她的故事里，人类以掠食者或破坏者的身份出现。在这种意识的暗示下，许多关于环境的故事都以悲剧收场。

在了解海洋的过去和认识到我们与海洋之间密不可分的关系之前，我们并未做出太多牺牲来改善这种关系。人文学科的重要性，以及“边疆”或“荒野”等隐喻的力量，给人们带来了新的希望。一直以来，我们都认为海洋是一个独立于人类之外的永恒所在，但现在必须抛弃这种看法。我们必须将对海洋的认识与历史和人类紧密结合，由此诞生的一种新设想，加上新的比喻，才能为人类与海洋关系的积极改变打下良好的基础。

注释

第一章　海之长歌

1　例见，'A Hero's Reward', *The Mariners* (19 November 2008), www.themariners.org, and Robert J. Clark, 'USS Eugene A. Greene (dd-711/ddr-711) Reunion', The National Association of Destroyer Veterans, www.destroyers.org.

2　查尔斯·达尔文写给胡克的信，1871 年 2 月 1 日，Darwin Correspondence Project, www.darwinproject.ac.uk.

3　“牡蛎时代”的说法由 J. Bret Bennington 提出，他是霍夫斯特拉大学的地质学家。见课程笔记，'Geol 106, Mesozoic Marine Life' [n.d.], http://people.hofstra.edu.

第二章　海之遐想

1　J. O'Kane, trans., *The Ship of Sulaiman* (London, 1972), p. 163.

2　Barry Cunliffe, *Facing the Ocean: The Atlantic and its Peoples* (Oxford and New York, 2001), p. vii.

3　William R. Pinch, 'History, Devotion and the Search for Nabhadas of Galta', in *Invoking the Past: the Uses of History in South Asia*, ed. Daud Ali (Delhi and Oxford, 1999), pp. 367–99.

4　Epeli Hau'ofa, 'Our Sea of Islands,' in *A New Oceania: Rediscovering Our Sea of Islands*, ed. Eric Waddell, Vijay Naidu and Epeli Hau'ofa (Suva, Fiji, 1993), p. 11.

5　Thomas Gladwin, *East is a Big Bird: Navigation and Logic on Puluwat Atoll* (Cambridge, MA, 1970), pp. 39, 63; David Lewis, *We the Navigators: the Ancient Art of Landfinding in the Pacific*, 2nd edn (Honolulu, HI, 1997), pp. 297–311.

第三章　海之联系

1　Walter Raleigh, *Judicious and Select Essayes and Observations by That Renowned and Learned Knight, Sir Walter Raleigh* (London, 1650), p. 20.

2　Ram P. Anand, *Origin and Development of the Law of the Sea* (The Hague, 1983), p. 83.

3　Jonathan Raban, ed., *The Oxford Book of the Sea* (Oxford and New York, 1993), p. 3.

4　William Bradford, *Of Plymouth Plantation, 1621–1647: The Complete Text*, ed. Samuel Eliot Morison (New York, 1952), p. 61.

5　William Strachey, Esq., 'A True Reportory of the Wracke, and Redemption of Sir Thomas Gates, Knight . . .' , in *Hakluytus Posthumus, or Purchas his Pilgrimes . . .* by Samuel Purchas, vol. IV (London, 1625), p. 1735, as quoted in Jason W. Smith, 'The Boundless Sea', in 'Controlling the Great Common: Hydrography, the Marine Environment, and the Culture of Nautical Charts in the United States Navy, 1838–1903', PhD thesis, Temple University, 2012, p. 4.

6　Bradford, *Of Plymouth Plantation*, pp. 62 and 61.

7　George Gordon, Lord Byron, from 'Childe Harold's Pilgrimage' (1818).

8　Natasha Adamowsky, *The Mysterious Science of the Sea*, 1775–1943 (London and New York, 2015), p. 24.

9　路易斯•阿加西于 1849 年 6 月 15 日写的信，引自 Eugene Batchelder, *A Romance of the Sea Serpent: Or, The Icthyosaurus* (Cambridge, MA, 1849), p. 135.

第四章　海之探测

1　'Sea' , in *Encyclopædia Britannica Vol. XIX* (Edinburgh, 1823), p. 64.

2　《哈珀斯周刊》中的广告（1858 年 10 月 16 日），p. 671.

3　菲尔德的表带现被收藏于 Judson Collection, Division of Political History, National Museum of American History, Smithsonian Institution.

4　Edmund Gosse, *Father and Son* (London, 1907), pp. 125–6.

5　W. R. Hughes, 'The Recent Marine Excursion Made by the Society to Teignmouth,' *Nature*, IX (29 January 1874), pp. 253–4.

6 Herman Melville, *White-Jacket* (New York, 1850), p. 105.

7 乔治•布朗•古德(George Brown Goode)写给斯宾塞•巴尔德(Spencer F. Baird）的信，1878 年，Smithsonian Institution Archives, Spencer Fullerton Baird Papers, RU 7002, Box 21.

第五章 海之工业

1 Rudyard Kipling, *Captains Courageous* (New York, 1897), p. 40.

2 效率之道（Gospel of Efficiency）一词，源于 Samuel P. Hays, *Conservation and the Gospel of Efficiency: The Progressive Conservation Movement 1890–1920* (Cambridge, 1959), pp. 1–4, 27–48; Jennifer Hubbard, 'The Gospel of Efficiency and the Origins of MSY: Scientific and Social Influences on Johan Hjort and A. G. Huntsman's Contributions to Fisheries Science' , in *A Century of Marine Science: The St. Andrews Biological Station*, ed. David Wildish Hubbard and Robert Stephenson (Toronto, 2016), pp. 78–117.

3 Frederic A. Lucas, 'Conservation of Whales' , *New York Times* (1 November 1910), p. 3.

4 Remington Kellogg, 'Whales, Giants of the Sea' , *National Geographic*, LXXVII/1 (January 1940), pp. 35–90, quote on p. 35.

5 Richard Henry Dana, Jr, Two Years before the Mast, ed. Thomas Philbrick (New York, 1981), pp. 161–2.

6 Henry David Thoreau, *Cape Cod* (Boston, MA, and New York, 1896), p. 85.

7 Emily Dickinson, in *The Oxford Book of the Sea*, ed. Jonathan Raban (Oxford and New York, 1993), pp. 256–7.

8 John R. Gillis, *The Human Shore: Seacoasts in History* (Oxford and New York, 1993), p. 128.

9 John Masefield, 'Sea Fever' , in *The Collected Poems of John Masefield* (London, 1923), pp. 27–8.

10 Thoreau, *Cape Cod*, p. 85.

11 George Gordon, Lord Byron, from 'Childe Harold's Pilgrimage' (1818), in *Poems of Places: An Anthology in 31 Volumes*, ed. Henry Wadsworth Longfellow (Boston, MA, 1876–9); available at Bartleby.com, 2011, accessed 20 June 2017.

12 Michael Graham, *The Fish Gate* (London, 1943), p. 150.

13 Michael Graham, 'Harvests of the Sea' , in *Man's Changing Role in the Face of the Earth*, ed. William L. Thomas Jr (Chicago, IL, 1956), p. 502.

14 Garrett Hardin, 'The Tragedy of the Commons' , *Science*, CLXII (1968), pp. 1243–8.

15 Carmel Finley, *All the Fish in the Sea: Maximum Sustainable Yield and the Failure of Fisheries Management* (Chicago, IL, and London, 2011), pp. 88, 182.

第六章　海之边疆

1 Seabrook Hull, *The Bountiful Sea* (Englewood Cliffs, NJ, 1964), p. 221.

2 美国石油学会的广告, 'U.S. Oilmen Challenge the Sea' , *Life*, XXXVI/23 (7 June 1954), p. 152.

3 Edwin L. Hamilton, 'The Last Geographic Frontier: The Sea Floor' , *Scientific Monthly*, LXXXV/6 (December 1957), pp. 294–314.

4 Donald W. Cox, *Explorers of the Deep: Man's Future beneath the Sea* (Maplewood, NJj, 1968), p. 9.

5 Vannevar Bush, *Science the Endless Frontier: A Report to the President* (Washington, DC, 1945).

6 Alexander McKee, *Farming the Sea* (New York, 1969), p. 4.

7 Arthur C. Clarke, *The Challenge of the Sea* (New York, 1960), p. 111.

8 John L. Mero, *The Mineral Resources of the Sea* (Amsterdam, 1964); quote is in frontispiece caption.

9 John F. Kennedy, Letter to President of the Senate on Increasing the National Effort in Oceanography, 29 March 1961, Letter 100, The American Presidency Project, www.presidency.ucsb.edu.

10 Vernon Pizer, *The World Ocean: Man's Last Frontier* (Cleveland, OH, 1967), p. 137.

11 George Bond, 'New Development in High Pressure Living', *Archives of Environmental Health*, IX (1964), p. 311.

12 President's Science Advisory Committee, Panel on Oceanography, Effective Use of the Sea (Washington, DC, 1966), pp. 104–5.

13 洛克希德公司的广告, *Science*, new ser. cli/3715 (11 March 1966), p. 1311. 由美国科学促进会出版，可查询 www.jstor.org.

14 John Ludwigson, 'Law Comes to the Sea Floor' , *Science News*, XCI/20 (20 May 1967), p. 474.

15 John E. Bardach, *Harvest of the Sea* (New York, 1968), p. 10.

16 Martin Ira Glassner, *Neptune's Domain: A Political Geography of the Sea* (Boston, MA, 1990), p. 5.

17 Roger Revelle, 'The Ocean' , *Scientific American*, XXCCI/3 (September 1969), p. 56.

第七章 海之体验

1 Arthur C. Clarke, *The Challenge of the Sea* (New York, 1960), p. 164.

2 Eric Hanauer, *Diving Pioneers: An Oral History of Diving in America* (San Diego, CA, 1994), p. 20.

3 Bill Barada, *Let's Go Diving: Illustrated Diving Manual* (Santa Ana, CA, 1965), pp. 4–5.

4 'A Carload of Fun Comes to Shelby, Ohio' , *Life*, XLVII/26 (28 December 1959), pp. 93–5.

5 'Tucking in a Tadpole' , *Life*, LI/2 (14 July 1961), p. 108.

6 Zale Parry, quoted in Hanauer, *Diving Pioneers*, p. 150.

7 Eugenie Clark, *Lady with a Spear* (New York, 1953), p. 209.

8 Rachel L. Carson, application to the Eugene F. Saxton Foundation, 1 May 1949, cited in Linda Lear, *Rachel Carson: Witness for Nature* (New York, 1997), p. 162.

9 Ibid., p. 203.

10 Barada, *Let's Go Diving*, p. 7.

11 Rachel Carson, *The Sea Around* Us (New York, 1961), p. 196.

12 Gary Kroll, *America's Ocean Wilderness: A Cultural History of Twentieth- Century Exploration* (Lawrence, ks, 2008).

13 Anon., 'Tap Pryor, Crusading Biologist, Frontiersman of the Sea' , *Life*, LXIII/17 (27 October 1967), p. 45.

14 Blake Clark, 'Hawaii's Showcase of the Sea' , *Reader's Digest*, XCIII (August 1968), p. 146.

15 American Cetacean Society, 'Gray Whale' factsheet, http://acsonline.org, accessed 17 July 2017.

结语　大海已将一切妥藏，海洋即历史

1　Rachel Carson, Field Notes, Nags Head, 9 October 1950, quoted in Linda Lear, *Rachel Carson: Witness for Nature* (New York, 1997), p. 185.

2　这句引言被广泛认为出自阿瑟·克拉克，但我没有在他的任何出版物中找到原始出处，只有转述，James E. Lovelock, 'Hands Up for the Gaia Hypothesis' , *Nature*, CCCXLIV/6262 (8 March 1990), p. 102.

3　Randy Olson, 'No Seafood Grille 2' (13 June 2013), www.youtube.com.

4　公众科学的例子：jellywatch.org.

5　'NASA Views Our Perpetual Ocean' (9 April 2012), www.nasa.gov.

6　Andrew Hibberd and Nicola Woolcock, 'Lloyd's List Sinks the Tradition of Calling Ships "She" ' (21 March 2002), www.telegraph.co.uk.

参考文献

Adamowsky, Natascha, *The Mysterious Science of the Sea, 1775–1943* (London and New York, 2015)

Allen, David E., *The Naturalist in Britain* (Princeton, nj, 1994)

Alpers, Edward A., *The Indian Ocean in World History* (Oxford, 2014)

Anand, R. P., *Origin and Development of the Law of the Sea* (The Hague, 1983)

Anderson, Katharine, and Helen M. Rozwadowski, eds, *Soundings and Crossings: Doing Science at Sea, 1880–1970* (Sagamore Beach, MA, 2016)

Arch, Jakobina K., *Bringing Whales Ashore: Oceans and the Environment of Early Modern Japan* (Seattle, 2018)

Armitage, David and Alison Bashford, eds, *Pacific Histories: Ocean, Land, People* (Houndmills, Basingstoke and New York, 2014)

Aziz, F., et al., 'Archaeological and Paleontological Research in Central Flores, East Indonesia: Results of Fieldwork 1997–98' , *Antiquity* lxxiii/280 (15 June 1999), p. 273

Barber, Paul H., et al., 'Biogeography: A Marine Wallace Line?' *Nature*, CDVI/1679 (17 August 2000), pp. 692–3

Barthelmess, Klaus, 'Basque Whaling in Pictures, 16th–18th Century' , *Itsas Memoria. Revista de Estudios Marítimos del País Vasco, 6*, Untzi Museoa-Museo Naval (Donostia/San Sebastián, 2009), pp. 643–67

Bascom, Willard, *A Hole in the Bottom of the Sea: The Story of the Mohole Project* (Garden City, NY, 1961)

Bedarnik, Robert G., 'The Earliest Evidence of Ocean Navigation' , *International Journal of Nautical Archaeology, XXVI* (1997), pp. 183–91

——, 'Seafaring in the Pleistocene' , *Cambridge Archaeological Journal*, xiii (2003), pp. 41–66

Behrman, Cynthia Fausler, *Victorian Myths of the Sea* (Athens, OH, 1977)

Berta, Annalisa, *Return to the Sea: The Life and Evolutionary Times of Marine Mammals* (Berkeley and Los Angeles, CA, 2012)

Bolster, W. Jeffrey, *The Moral Sea: Fishing the Atlantic in the Age of Sail* (Cambridge, MA, 2012)

Bond, George F., and Helen A. Siiteri, *Papa Topside: The Sealab Chronicles of Capt. George F. Bond, USN* (Annapolis, MD, 1993)

Bradley, Bruce, and Dennis Stanford, 'The North Atlantic Ice-Edge Corridor: A Possible Paleolithic Route to the New World', *World Archaeology*, XXXVI/4 (2004), pp. 459–78

Braun, David R., et al., 'Early Hominin Diet Included Diverse Terrestrial and Aquatic Animals 1.95 Ma in East Turkana, Kenya' , *Proceedings of the National Academy of Sciences of the United States, CVII/22* (1 June 2010), pp. 10002–7

Brinnin, John Malcolm, *Sway of the Grand Saloon: A Social History of the North Atlantic* (New York, 1971)

Brown, Chandros Michael, 'A Natural History of the Gloucester Sea Serpent: Knowledge, Power, and Culture of Science in Antebellum America' , *American Quarterly, XLII/3* (1990), pp. 402–36

Brown, P., et al., 'A New Small-bodied Hominin from the Late Pleistocene of Flores, Indonesia', *Nature*, CDXXXI/7012 (28 October 2004), pp. 1055–61

Brumm, Adam, et al., 'Hominins on Flores, Indonesia, by One Million Years Ago', *Nature*, CDLXIV/7289 (1 April 2010), pp. 748–52

Brunner, Bernd, *The Ocean at Home: An Illustrated History of the Aquarium* (London, 2011)

Burnett, D. Graham, 'Matthew Fontaine Maury's "Sea of Fire" : Hydrography, Biogeography and Providence in the Tropics,' in *Tropical Visions in an Age of Empire*, ed. Felix Driver and Luciana Martins (Chicago, IL, 2005), pp. 113–34

——, *The Sounding of the Whale: Science and Cetaceans in the Twentieth Century* (Chicago, IL, and London, 2012)

Buschmann, Rainer F., *Oceans in World History* (Boston, MA 2007)

Campbell, Tony, 'Portolan Charts from the Late Thirteenth Century to 1500' , in *Cartography in Medieval Europe and the Mediterranean, History of Cartography, Volume 1*, ed. J. B. Harley and David Woodward (Chicago, IL, 1987), pp. 371–463

Carlisle, Norman, *The Riches of the Sea* ([New York], 1967)

Carlson, Patricia Ann, ed., *Literature and Lore of the Sea* (Amsterdam, 1986)

Carlton, James T., 'Introduced Invertebrates of San Francisco Bay' , in *San Francisco Bay: The Urbanized Estuary*, ed. T. John Conomos (San Francisco, CA, 1979), pp. 427–44

——, 'Transoceanic and Interoceanic Dispersal of Coastal Marine Organisms: The Biology of Ballast Water' , *Oceanography and Marine Biology: Annual Review*, XXIII (1985), pp. 313–71

Carrier, Rick, and Barbara, *Dive* (New York, 1955), including Appendix B, 'The Diving Clubs' , pp. 282–4 (repr. from *Skin Diver* magazine)

Chaplin, Joyce E., 'The Pacific before Empire, c. 1500–1800' , in *Pacific Histories: Ocean, Land, People*, ed. David Armitage and Alison Bashford (Houndmills, Basingstoke and New York, 2014), pp. 53–74

Cheney, Cora, and Ben Partridge, *Underseas: The Challenge of the Deep Frontier* (New York, 1961)

Cipolla, Carlo, *Guns, Sails, and Empires: Technological Innovation and European Expansion, 1400–1700* (New York, 1965)

[Civic Education Service], *Underwater World* (Washington, DC, 1967)

Clarke, Arthur C., *The Challenge of the Sea* (New York, 1960)

——, *The Deep Range*, in *The Ghost from the Grand Banks and The Deep Range* (New York, 2001)

——, *Profiles of the Future: A Daring Look at Tomorrow's Fantastic World* (New York, 1967)

Coggins, Jack, *Hydrospace: Frontier beneath the Sea* (New York, 1966)

Cohen, Margaret, *The Novel and the Sea* (Princeton, NJ, and Oxford, 2010)

Conway, Erik M., 'Drowning in Data: Satellite Oceanography and Information Overload in the Earth Sciences' , *Historical Studies in the Physical and Biological Sciences XXXVII* (2006), pp. 127–51

Cooper, A., and C. B. Stringer, 'Did the Denisovians Cross Wallace's Line?' *Science*, CCCXLII/6156 (18 October 2013), pp. 321–3

Corbin, Alain, *The Lure of the Sea: The Discovery of the Seaside in the Western World, 1750–1840*, trans. Jocelyn Phelps (Cambridge, 1994)

Corliss, J. B., et al., 'Submarine Thermal Springs on the Galápagos Rift' , *Science*, CCIII/4385 (1979), pp. 1073–83

Cowan, Robert C., *Frontiers of the Sea* (New York, 1960)

Cox, Donald W., *Explorers of the Deep: Man's Future beneath the Sea* (Maplewood, NJ, 1968)

Cronon, William, *Nature's Metropolis: Chicago and the Great West* (New York, 1992)

Crosby, Alfred W., *The Columbian Exchange: The Biological and Cultural Consequences of 1492* (Westport, ct, 1972)

Cunliffe, Barry, *Europe between the Oceans: 900 BC to AD 1000* (New Haven, CT, 2011)

——, *Facing the Ocean: The Atlantic and its Peoples* (Oxford and New York, 2001)

Cunnane, Stephen C., *Survival of the Fattest: The Key to Human Brain Evolution* (Hackensack, NJ, 2005)

Cushman, Gregory T., *Guano and the Opening of the Pacific World: A Global Ecological History* (New York, 2013)

Davidson, Ian C., and Christina Simkanin, 'The Biology of Ballast Water 25 Years Later' , *Biological Invasions*, XIV (2012), pp. 9–13

Dawson, Kevin, 'Enslaved Swimmers and Divers in the Atlantic World' , *Journal of American History*, XCII/4 (2006), pp. 1327–55

Deacon, Margaret, *Scientists and the Sea, 1650–1900: A Study of Marine Science*, 2nd edn (Brookfield, VT, 1997)

Dingle, H., *Migration: The Biology of Life on the Move* (Oxford, 1996)

Dixon, E. J., 'Human Colonization of the Americas: Timing, Technology and Process' , *Quaternary Science Reviews*, XX/1–3 (2001), pp. 277–99

Donovan, Arthur, and Joseph Bonney, *The Box that Changed the World: Fifty Years of Container Shipping: An Illustrated History* (East Windsor, NJ, 2006)

Dorsey, Kurkpatrick, *Whales and Nations: Environmental Diplomacy on the High Seas* (Seattle, WA, 2013)

Dreyer, Edward L., *Zheng He and the Oceans in the Early Ming Dynasty, 1405–1433* (Boston, MA, 2006)

Dugan, James, *Man under the Sea* (New York, 1965)

Earle, Sylvia A., *Dive! My Adventures in the Deep Frontier* (Washington, DC, 1999)

——, and Al Giddings, *Exploring the Deep Frontier: The Adventure of Man in the Sea* (Washington, dc, 1980)

Edmond, J. M., et al., 'Chemistry of Hot Springs on the East Pacific Rise and their Effluent Dispersal', *Nature*, CCVCVII/5863 (1982), pp. 187–91

Eilperin, Juliet, *Demon Fish: Travels through the Hidden World of Sharks* (New York, 2011)

Eldredge, Charles C., 'Wet Paint: Herman Melville, Elihu Vedder, and Artists Undersea' , *American Art*, XI/2 (1997), pp. 106–35

Ellis, Richard, *Monsters of the Sea* (New York, 1995)

Erlandson, Jon M., 'The Archaeology of Aquatic Adaptations: Paradigms for a New Millennium' , *Journal of Archaeological Research*, ix/4 (2001), pp. 287–350

——, et al., 'Paleoindian Seafaring, Maritime Technologies, and Coastal Foraging on California's Channel Islands' , *Science*, CCCXXXI/6021 (4 March 2011), pp. 1181–5, www.sciencemag.org

Everhart, Michael J., *Oceans of Kansas: A Natural History of the Western Interior Sea* (Bloomington, IN, 2005)

Fagan, Brian M., Floods, *Famines and Emperors: El Niño and the Fate of Civilizations* (New York, 1999)

Farris, William W., *Japan to 1600: A Social and Economic History* (Honolulu, HI, 2009)

Fernández-Armesto, Felipe, *Civilizations: Culture, Ambition, and the Transformation of Nature* (New York, 2001)

Finley, Carmel, *All the Fish in the Sea: Maximum Sustainable Yield and the Failure of Fisheries Management* (Chicago, IL, and London, 2011)

Finn, Bernard, *Submarine Telegraphy: The Grand Victorian Technology* (London, 1973)

Forbes, Edward, *The Natural History of the European Seas Robert Godwin-Austen* (London, 1859)

Fortey, Richard, *Trilobite: Eyewitness to Evolution* (New York, 2000)

Foulke, Robert, *The Sea Voyage Narrative* (New York, 1997)

Frank, Frederick S., and Diane Long Hoeveler, 'Introduction' , *The Narrative of Arthur Gordon Pym of Nantucket* (Buffalo, NY, 2010), pp. 11–36

'Freedom of the Seas, 1609: Grotius and the Emergence of International Law' (exhibit marking the 400th anniversary of Hugo Grotius's *Mare Liberum*), 8 parts (22–23 October 2009), http://library.law.yale.edu

Gillis, John R., *The Human Shore: Seacoasts in History* (Chicago, IL, 2012)

——, *Islands of the Mind: How the Human Imagination Created the Atlantic World* (New York, 2003)

Gladwin, Thomas, *East is a Big Bird: Navigation and Logic on the Puluwat Atoll* (Cambridge, MA, 1995)

Glasscock, Carl B., *Then Came Oil: The Story of the Last Frontier* (Westport, CT, 1976, originally published in 1938)

Glassner, Martin Ira, *Neptune's Domain: A Political Geography of the Sea* (Boston, MA, 1990)

Gore, Rick, 'Who Were the Phoenicians?' *National Geographic* (October 2004), http://ngm.nationalgeographic.com

Gould, Stephen Jay, *Wonderful Life: The Burgess Shale and the Nature of History* (New York, 1990)

Gradwohl, Judith, and Michael L. Weber, *The Wealth of Oceans: Environment and Development on our Ocean Planet* (New York, 1995)

Grasso, Glenn, 'The Maritime Revival: Anti-modernism and the Maritime Revival, 1870–1940' , PhD thesis, University of New Hampshire, 2009

Haag, Amanda Leigh, 'Patented Harpoon Pins Down Whale Age' , *Nature* (19 June 2007), DOI:10.1038/news070618-6

Habu, Junko, 'Subsistence and Settlement' , *Ancient Jomon of Japan* (Cambridge, 2004)

Hanauer, Eric, *Diving Pioneers: An Oral History of Diving in America* (San Diego, CA, 1994)

Hannigan, John A., *The Geopolitics of Deep Oceans* (Cambridge and Malden, MA, 2016)

Hau'ofa, Epeli, 'Our Sea of Islands' , in *A New Oceania: Rediscovering Our Sea of Islands*, ed. Eric Waddell, Vijay Naidu and Epeli Hau' ofa (Suva, Fiji, 1993), pp. 2–16

Hellwarth, Ben, *Sealab: America's Forgotten Quest to Live and Work on the Ocean Floor* (New York, 2012)

Hellyer, David, 'Goggle Fishing in Californian Waters' , *National Geographic, XCV* (May 1949), pp. 615–32

Helvarg, David, *Blue Frontier: Saving America's Living Seas* (New York, 2001)

Hinrichsen, Don, *Coastal Waters of the World: Trends, Threats and Strategies* (Washington, DC, 1998)

Höhler, Sabine, *Spaceship Earth in the Environmental Age, 1960–1990* (New York and London, 2015)

Holm, Poul, 'World War ii and the "Great Acceleration" of North Atlantic Fisheries' , *Global Environment*, X (2012), pp. 66–91

Howarth, David, *Dhows* (New York, 1977)

Hoyt, E., 'Whale Watching' , in *Encyclopedia of Marine Mammals*, 2nd edn, ed. W. F. Perrin, B. Würsig and J.G.M. Thewissen (San Diego, CA, 2009), pp. 1219–23

Hubbard, Jennifer, 'Changing Regimes: Governments, Scientists and

Fishermen and the Construction of Fisheries Policies in the North Atlantic, 1850–2010' , pp. 129–68, in *A History of North Atlantic Fisheries, vol. 2, From the 1850s to the Early Twenty-First Century*, ed. David J. Starkey and Ingo Heidbrink (Bremen, 2012)

——, 'The Gospel of Efficiency and the Origins of msy: Scientific and Social Influences on Johan Hjort and A. G. Huntsman's Contributions to Fisheries Science' , in *A Century of Marine Science: The St Andrews Biological Station*, ed. Jennifer Hubbard, David Wildish and Robert Stephenson (Toronto, 2016), pp. 78–117

Huler, Scott, *Defining the Wind: The Beaufort Scale, and How a 19th-century Admiral Turned Science into Poetry* (New York, 2004)

Hull, Seabrook, The Bountiful Sea (Englewood Cliffs, NJ, 1964)

Hunt, Terry L., 'Rethinking the Fall of Easter Island' , *American Scientist*, XCIV/5 (2006), pp. 412–19

Igler, David, *The Great Ocean: Pacific Worlds from Captain Cook to the Gold Rush* (Oxford and New York, 2013)

Irwin, Geoffrey, *The Prehistoric Exploration and Colonisation of the Pacific* (Cambridge, 1992)

Jackson, Jeremy B. C., et al., 'Historical Overfishing and the Recent Collapse of Coastal Ecosystems', *Science*, CCXCIII (27 July 2001), pp. 629–38

——, with Karen E. Alexander and Enric Sala, *Shifting Baselines: The Past and Future of Ocean Fisheries* (Washington, DC, 2011)

Jennings, Christian, 'Unexploited Assets: Imperial Imagination, Practical Limitations and Marine Fisheries Research in East Africa, 1917–1953', in *Science and Empire: Knowledge and Networks of Science across theBritish Empire, 1800–1970*, ed. B. Bennett and J. Hodge (Houndmills, Basingstoke and New York, 2011), pp. 253–74

Jha, Alok, *The Water Book* (London, 2015)

Johannes, R. E., *Words of the Lagoon: Fishing and Maritime Lore in the Palau District of Micronesia* (Berkeley, CA, 1981)

Kani, Hiroaki, 'Fishing with Cormorant in Japan' , pp. 569–83, in *The Fishing Culture of the World, vol. I*, ed. Béla Gunda (Budapest, 1984)

Kazar, John Dryden, 'The United States Navy and Scientific Exploration' , PhD thesis, University of Massachusetts, 1973

Komatsu, Masayuki, and Shigeko Misaki, *Whales and the Japanese: How We Have Come to Live in Harmony with the Bounty of the Sea* (Tokyo, 2003); see especially, 'Whaling in Japan – from the Jomon to the

Edo Period', pp. 45–54

Kroll, Gary, *America's Ocean Wilderness: A Cultural History of Twentieth-century Exploration* (Lawrence, KS, 2008)

Kurlansky, Mark, *The Basque History of the World: The Story of a Nation* (New York, 2001)

——, *Cod: A Biography of the Fish that Changed the World* (New York, 1997)

Kylstra, Peter H., and Arend Meerburg, 'Jules Verne, Maury and the Ocean', *Proceedings of the Royal Society of Edinburgh*, (B) LXXII/25 (1972), pp. 243–51

Labaree, Benjamin W., 'The Atlantic Paradox', in *The Atlantic World of Robert G. Albion*, ed. Labaree (Middletown, CT, 1975), pp. 195–217

Leamer, Robert B., Wilfred H. Shaw and Charles F. Ulrich, *Bottoms Up Cookery* (Gardena, CA, 1971)

Lear, Linda, *Rachel Carson: Witness for Nature* (New York, 1997)

Levathes, Louise, *When China Ruled the Seas: The Treasure Fleet of the Dragon Throne, 1405–1433* (Oxford, 1994)

Lewis, David, *We the Navigators: The Ancient Art of Landfinding in the Pacific*, 2nd edn, ed. Sir Derek Oulton (Honolulu, HI, 1994)

Lewis, Martin W., 'Dividing the Ocean Sea', *Geographical Review*, LXXXIX/2 (April 1999), pp. 188–214

——, and Kären Wigen, *The Myth of Continents: A Critique of Metageography* (Berkeley, ca, 1997)

Lieberman, Daniel E., 'Further Fossil Finds from Flores', *Nature*, CDXXXVII/7061 (13 October 2005), pp. 957–8

Little, Crispin T. S., 'The Prolific Afterlife of Whales', *Scientific American*, CCCII/2 (February 2010), pp. 78–84

Long, Edward John, *New Worlds of Oceanography* (New York, 1965)

McCurry, Justin, 'Ancient Art of Pearl Diving Breathes its Last' (24 August 2006), www.theguardian.com

Mackay, David, *In the Wake of Cook: Exploration, Science and Empire, 1780–1801* (New York, 1985)

McKenzie, Matthew G., *Clearing the Coastline: The Nineteenth-century Ecological and Cultural Transformation of Cape Cod* (Hanover and London, 2010)

McLean, Donald A., *The Sea: A New Frontier* (Pasadena, CA, 1967)

MacLeod, Roy, and Philip F. Rehbock, eds, *Nature in Its Greatest Extent*:

Western Science in the Pacific (Honolulu, HI' 1988)

Mahadevan, Kumar, 'Mote Marine Laboratory: Exploring the Secrets of the Sea since 1955' (19 November 2010), http://mote.org

Malinowski, Bronislaw, *The Argonauts of the Western Pacific* (London, 1922)

Marean, Curtis W., et al., 'Early Human Use of Marine Resources and Pigment in South Africa during the Middle Pleistocene' , *Nature*, CDXLIX/7164(18 October 2007), pp. 905–8

Marx, Robert F., *The History of Underwater Exploration* (New York, 1978)

Marx, Wesley, *The Frail Ocean* (New York, 1967)

Matsen, Brad, *Jacques Cousteau: The Sea King* (New York, 2009)

Menard, William H., ed., *Oceans, Our Continuing Frontier* (Berkeley, CA, 1976)

Mentz, Steve, *At the Bottom of Shakespeare's Ocean* (London, 2009)

Mero, John L., *The Mineral Resources of the Sea* (Amsterdam, 1964)

Milam, Erika Lorraine, 'Dunking the Tarzanists: Elaine Morgan and the Aquatic Ape Theory' , in *Outsider Scientists: Routes to Innovation in Biology*, ed. Oren Harman and Michael R. Dietrich (Chicago, IL, 2013), pp. 223–47

Miller, James W., and Ian G. Koblick, *Living and Working in the Sea*, 2nd edn (Plymouth, VT, 1995)

Miller, Sam, 'Skin Diver Magazine' , *Legends of Diving Articles* (2006), www.internationallegendsofdiving.com

Mills, Eric L., 'Edward Forbes, John Gwyn Jeffreys, and British Dredging before the "Challenger" Expedition' , *Journal of the Society for the Bibliography of Natural History*, VIII/4 (1978), pp. 507–36

Mitman, Gregg, *Reel Nature: America's Romance with Wildlife on Film* (Seattle, WA, 2009)

Mojzsis, S. J., et al., 'Evidence for Life on Earth by 3800 Million Years Ago' , *Nature*, CDXLIX/6604 (1996), pp. 55–9

Mollat du Jourdin, Michele, *Europe and the Sea*, trans. Teresa Lavendar Fagan (Oxford, 1993)

Morwood, M. J., et al., 'Further Evidence for Small-bodied Hominins from the Late Pleistocene of Flores, Indonesia' , *Nature*, CDXXXVII/7061 (13 October 2005), pp. 1012–17

Moseley, Michael Edward, *The Maritime Foundations of Andean Civilization* (Menlo Park, MA, 1975)

Mowat, Farley, *Sea of Slaughter* (Boston, MA, and New York, 1984)

Nielsen, Julius, et al., 'Eyelens Radiocarbon Reveals Centuries of Longevity in the Greenland Shark (Somniosus microcephalus)' , *Science*, CCCLIII/6300 (12 August 2016), pp. 702–4

Norton, Trevor, *Stars beneath the Sea: The Pioneers of Diving* (New York, 1999)

Nukada, Minoru, 'Historical Development of the Ama's Diving Activities' , in *Physiology of Breath-hold Diving and the Ama of Japan; Papers Presented at a Symposium August 31 to September 1, 1965*, ed. Hermann Rahn and Tetsuro Yokoyama (Washington, DC, 1965), pp. 27–40

O'Dell, Scott, *Island of the Blue Dolphins* (New York, 1960)

Paine, Lincoln, *The Sea and Civilization: A Maritime History of the World* (New York, 2013)

Parrott, Daniel S., *Tall Ships Down: The Last Voyages of the Pamir, Albatross, Marques, Pride of Baltimore, and Maria Asumpta* (Camden, ME, 2003)

Parry, J. H., *The Discovery of the Sea* (Berkeley, CA, 1981)

Pastore, Christopher L., *Between Land and Sea: The Atlantic Coast and the Transformation of New England* (Cambridge, MA, 2014)

Pauly, Daniel, 'Anecdotes and the Shifting Baseline Syndrome of Fisheries' , *Trends in Ecology and Evolution*, X (10 October 1995), p. 430

Payne, Brian J., *Fishing a Borderless Sea: Environmental Territorialism in the North Atlantic, 1818–1910* (East Lansing, MI, 2010)

Pearson, Michael, *The Indian Ocean* (London and New York, 2003)

Perkins, Sid, 'As the Worms Churn' , *Science News* (23 October 2009), www.sciencenews.org

Philbrick, Thomas, *James Fenimore Cooper and the Development of American Sea Fiction* (Cambridge, MA, 1961)

Pinch, William R., 'History, Devotion, and the Search for Nabhadas of Galta' , in *Invoking the Past: The Uses of History in South Asia*, ed. Daud Ali (Delhi and Oxford, 1999), pp. 367–99

Pinchot, Gifford B., 'Whale Culture – A Proposal' , *Perspectives in Biology and Medicine*, X/1 (1966), pp. 33–43

Pomeroy, Robert S., Nataliya Plesha and Umi Muawanah, 'Valuing the Coast: Economic Impact of Connecticut's Maritime Industry' , *Connecticut Sea Grant Report* (March 2013), http://seagrant.uconn.edu

Poole, Robert, *Earthrise: How Man First Saw the Earth* (New Haven, CT, 2010)

Poulsen, Bo, *Global Marine Science and Carlsberg: The Golden Connection of Johannes Schmidt (1877–1933)* (Leiden, 2016)

Pratt, Joseph A., Tyler Priest and Christopher Castaneda, 'Inner Space Pioneer: Taylor Diving and Salvage' , in *Offshore Pioneers: Brown & Root and the History of Offshore Oil and Gas* (Houston, TX, 1997), pp. 137–57

Preston, Diana and Michael, *A Pirate of Exquisite Mind: Explorer, Naturalist and Buccaneer: The Life of William Dampier* (New York, 2004)

Priest, Tyler, *The Offshore Imperative: Shell Oil's Search for Petroleum in Postwar America* (College Station, TX, 2007)

Pringle, Heather, 'Traces of Ancient Mariners Found in Peru' , *Science*, CCLXXXI/5384 (1998), pp. 1775–7

Pryor, Karen, *Lads Before the Wind: Adventures in Porpoise Training*(New York, 1975)

Raban, Jonathan, ed., *The Oxford Book of the Sea* (Oxford and New York, 1993)

Rehbock, Philip F., 'The Early Dredgers: "Naturalizing" in British Seas, 1830–1850' , *Journal of the History of Biology*, XII (1979), pp. 293–368

——, ed., *At Sea with the Scientifics: The 'Challenger' Letters of Joseph Matkin* (Honolulu, HI, 1992)

——, 'Huxley, Haeckel, and the Oceanographers: The Case of Bathybius haeckelii' , *Isis*, LXVI (1975), pp. 504–33

Reid, Joshua, 'Marine Tenure of the Makahs' , in *Indigenous Knowledge and the Environment in Africa and North America*, ed. David M. Gordon and Shephard Krech III (Athens, OH, 2012), pp. 243–58

Reidy, Michael S., 'From the Oceans to the Mountains: Spatial Science in an Age of Empire' , in *Knowing Global Environments: New Historical Perspectives on the Field Sciences*, ed. Jeremy Vetter (New Brunswick, NJ, 2010), pp. 17–38

——, *Tides of History: Ocean Science and Her Majesty's Navy* (Chicago, IL, 2008)

——, with Gary Kroll, and Erik M. Conway, *Exploration and Science: Social Impact and Interaction* (Santa Barbara, CA, 2007)

——, and Helen M. Rozwadowski, 'The Spaces in Between: Science, Ocean, Empire' , *Isis*, CV/2 (2014), pp. 338–51

Rice, A. L., 'The Oceanography of John Ross' Arctic Expedition of 1818: A Reappraisal' , *Journal of the Society for the Bibliography of Natural History*, VII/3 (1975), pp. 291–319

——, and J. B. Wilson, 'The British Association Dredging Committee: A Brief

History' , in *Oceanography: The Past*, ed. Mary Sears and Daniel Merriman (New York, 1980), pp. 373–85

Richardson, Philip L., 'The Benjamin Franklin and Timothy Folger Charts of the Gulf Stream' , in *Oceanography: The Past*, ed. Mary Sears and Daniel Merriman (New York, 1980), pp. 703–17

Rick, Torbin and Jon Erlandson, *Human Impacts on Ancient Marine Ecosystems: A Global Perspective* (Berkeley, CA, 2008)

Rieser, Alison, *The Case of the Green Turtle: The Uncensored History of a Conservation Icon* (Baltimore, MD, 2012)

Ritvo, Harriet, *The Playtypus and the Mermaid and Other Figments of the Classifying Imagination* (Cambridge, MA, 1997)

Roark, E. Brendan, et al., 'Extreme Longevity in Proteinaceous Deep-sea Corals' , *Proceedings of the National Academy of Sciences of the United States of America*, CVI/13 (30 March 2009), pp. 5204–8

Roberts, Callum, *Ocean of Life: The Fate of Man and the Sea* (New York, 2013)

——, *The Unnatural History of the Sea* (Washington, DC, 2008)

Robinson, Michael F., 'Reconsidering the Theory of the Open Polar Sea' , in *Extremes: Oceanography's Adventures at the Poles*, ed. Keith R. Benson and Helen M. Rozwadowski (Sagamore Beach, MA, 2007)

Robinson, Samuel A., *Ocean Science and the British Cold War State* (London, 2018)

Roney, J. Matthew, 'Taking Stock: World Fish Catch Falls to 90 Million Tons in 2012' , *Earth Policy Institute* (19 November 2012), www.earth-policy.org

Rossby, H. Thomas, and Peter Miller, 'Ocean Eddies in the 1539 Carta Marina by Olaus Magnus' , *Oceanography*, XVI/2 (2003), pp. 77–88

Rozwadowski, Helen M., 'Arthur C. Clarke and the Limitations of the Ocean as a Frontier' , *Environmental History*, XVII/3 (2012), pp. 578–602

——, 'Engineering, Imagination, and Industry: Scripps Island and Dreams for Ocean Science in the 1960s' , in T*he Machine in Neptune's Garden*, ed. Rozwadowski and David van Keuren (Canton, MA, 2004), pp. 325–52

——, *Fathoming the Ocean: The Discovery and Exploration of the Deep Sea* (Cambridge, MA, 2005)

——, 'From Danger Zone to World of Wonder: The 1950s Transformation of the Ocean's Depths' , *Coriolis: Interdisciplinary Journal of Maritime Studies*, IV/1 (2013), pp. 1–20

——, 'Oceans: Fusing the History of Science and Technology with

Environmental History', in *A Companion to American Environmental History*, ed. Douglas Cazaux Sackman (Malden, MA, 2010), pp. 442–61

——, 'Playing by – and on and under – the Sea: The Importance of Play for Knowing the Ocean', in Jeremy Vetter, ed., *Knowing Global Environments: New Historical Perspectives on the Field Sciences* (New Brunswick, NJ, 2010), pp. 162–89

——, 'Scientists Writing and Knowing the Ocean', in *The Sea and Nineteenth- Century Anglophone Literary Culture*, ed. Steve Mentz and Martha Elena Rojas (London, 2017)

——, *The Sea Knows No Boundaries: A Century of Marine Science under ICES*(Seattle, WA, and London, 2002)

Rudwick, Martin J. S., *Scenes from Deep Time: Early Pictorial Representations of the Prehistoric World* (Chicago, IL, 1992)

Safina, Carl, *Song for the Blue Ocean: Encounters along the World's Coasts and beneath the Seas* (New York, 1998)

Sahrhage, Dietrich and Johannes Lundbeck, *A History of Fishing* (Berlin, 1992) Samuel, Lawrence R., *The End of Innocence: The 1964–1965 New York World's Fair* (Syracuse, NY, 2007)

Schopf, William J., 'Microfossils of the Early Archaean Apex Chert: New Evidence of the Antiquity of Life', *Science*, CCLX/5108 (30 April 1993), pp. 640–46

——, ed., *Life's Origin: The Beginnings of Biological Evolution* (Berkeley and Los Angeles, CA, 2002)

Seelye, John, 'Introduction', *Arthur Gordon Pym, Benito Cereno, and Related Writings* (New York, 1967)

Sheffield, Suzanne Le-May, *Revealing New Worlds: Three Victorian Women Naturalists* (London and New York, 2001), pp. 13–74

Shimamura, Natsu, 'Abalone', *The Tokyo Foundation* (12 May 2009), www.tokyofoundation.org

Smith, Andrew F., *American Tuna: The Rise and Fall of an Improbable Food* (Berkeley, CA, 2012)

Smith, Jason W., *To Master the Boundless Sea: The U.S. Navy, the Marine Environment and the Cartography of Empire* (Chapel Hill, NC, 2018)

Smithsonian Institution, National Museum of Natural History, Ocean Portal Team, 'Deep-sea Corals' [N.D.], http://ocean.si.edu, accessed 15 May 2017

Sobel, Dava, *Longitude: The True Story of the Lone Genius Who Solved the*

Greatest Scientific Problem of His Time (New York, 1995)

Soini, Wayne, *Gloucester's Sea Serpent* (Charleston, NC, and London, 2010)

Soule, Gardner, *Undersea Frontiers* (New York, 1968)

Spilhaus, Athelstan, *Turn to the Sea* (Racine, WI, 1962)

Sponsel, Alistair, *Darwin's Evolving Identity: Adventure, Ambition and the Sin of Speculation* (Chicago, 2018)

Steele, Teresa E., 'A Unique Hominin Menu Dated to 1.95 Million Years Ago' , *Proceedings of the National Academy of Sciences of the United States of America*, CVII/24 (15 June 2010), pp. 10771–2, www.pnas.org

Stein, Doug, ' "Whale of a Tale" : George H. Newton and the Cruise of the Inland Whaling Association' , *The Log of Mystic Seaport*, XL/2 (1988), pp. 39–49

Steinberg, Philip E., *The Social Construction of the Ocean* (Cambridge, 2001)

Sténuit, Robert, *The Deepest Days*, trans. Morris Kemp (New York, 1966)

Stopford, Martin, 'How Shipping Has Changed the World and the Social Impact of Shipping' , paper deliverd to the Global Maritime Environmental Congress, ssm Hamburg, 7 September 2010, http:// ec.europa.eu

Stow, Dorrik, *Vanished Ocean: How Tethys Reshaped the World* (Oxford, 2012)

Stringer, C. B. et al., 'Neanderthal Exploitation of Marine Mammals' , *Proceedings of the National Academy of Sciences of the United States*, CV/38 (23 September 2008), pp. 14319–24

Sweeney, John, *Skin Diving and Exploring Underwater* (New York, 1955)

Tesch, Frederich W., *The Eel*, 5th edn (Oxford, 2003)

Toussaint, Auguste, *History of the Indian Ocean*, trans. J. Guicharnaud (Chicago, IL, 1966)

Turner, Frederick Jackson, *The Frontier in American History* (New York, 1996)

Valle, Gustav Dalia, et al., *Skin and Scuba Diving, Athletic Institute Series* (New York, 1965)

Van Duzer, Chet, *Sea Monsters on Medieval and Renaissance Maps* (London, 2013)

Van Keuren, David K., 'Breaking New Ground: The Origins of Scientific Ocean Drilling' , in *The Machine in Neptune's Garden: Historical Perspectives on Technology and the Marine Environment*, ed. David K. Van Keuren and Helen M. Rozwadowski (Canton, MA, 2004), pp. 183–210

Verlinden, Charles, 'The Indian Ocean: The Ancient Period and the Middle Ages' , in *Satish Chandra, The Indian Ocean: Explorations in History, Commerce and Politics* (New Delhi and London, 1987)

Vetter, Richard C., *Oceanography: The Last Frontier* (New York, 1973)

Vickers, Daniel, *Farmers and Fishermen: Two Centuries of Work in Essex County, Massachusetts, 1630–1850* (Chapel Hill, NC, 1994)

Viviano, Frank, 'China's Great Armada, Admiral Zheng He' , *National Geographic* (July 2005), http://ngm.nationalgeographic.com

Waldron, Arthur, *The Great Wall of China: From History to Myth* (Cambridge, 1992)

Walker, Timothy, 'European Ambitions and Early Contacts: Diverse Styles of Colonization, 1492–1700' , in *Converging Worlds: Communities and Cultures in Colonial America*, ed. Louisa A. Breen (New York, 2012), pp. 16–51

Wendt, Henry, *Envisioning the World: The First Printed Maps, 1472–1700* (Santa Rosa, CA, 2010)

Westwick, Peter, and Peter Neushul, *The World in the Curl: An Unconventional History of Surfing* (New York, 2013)

White, Richard, *Organic Machine: The Remaking of the Columbia River* (New York, 1996)

Whitfield, Peter, *The Charting of the Oceans: Ten Centuries of Maritime Maps* (Portland, OR, 1996)

Wilford, John Noble, 'Key Human Traits Tied to Shellfish Remains' , *The New York Times* (18 October 2007), www.nytimes.com

Witt-Miller, Harriet, 'The Soft, Warm, Wet Technology of Native Oceania' , *Whole Earth*, LXXII (1991), pp. 64–9

Witzel, Michael, 'Water in Mythology' , *Daedalus*, CXLIV/3 (2015), pp. 18–26

Woodward, David, and G. Malcolm Lewis, eds, *The History of Cartography, Volume 2, Book 3: Cartography in the Traditional African, American, Arctic, Australian, and Pacific Societies* (Chicago, IL, 1998)

Worm, Boris, Heike K. Lotze and Ransom A. Myers, 'Predator Diversity Hotspots in the Blue Ocean' , *Proceedings of the National Academy of Sciences of the United States of America*, C/17 (19 August 2003), pp. 9884–8

Zelko, Frank S., *Make It a Green Peace: The Rise of Countercultural*

Environmentalism (New York and Oxford, 2013)

Zincavage, David, 'Mapping Doggerland' , 'Never Yet Melted' (11 July 2008), neveryetmelted.com

致谢

本书融合了我在康涅狄格大学海洋研究项目（University of Connecticut’s Maritime Studies Program）十多年的研究和教学成果。我的同事鼓励和激发了我的创作，是他们让我将本书中的研究兴趣和问题扩展到了更多学科，并无私地为我提供专业方面的帮助。康涅狄格大学人文学院的奖学金支持了本书的创作。此外，我的学生也让我确信了海洋对我们这个世界的重要性。在这里，我要特别感谢罗素·莱肯（Russ Lycan），感谢他对水下考古遗址的研究；还有内森·亚当斯（Nathan Adams），感谢他在鲱鱼方面的研究；我还要感谢海洋史课程上的学生，是他们将我最初的努力和观点，以及我所讲述的故事，融入现在的形式之中。

在我开始这项研究时，或者说在我研究的起步阶段，康涅狄格大学校内外的一些同事曾与我讨论他们的工作，这在不知不觉中影响了这本书的创作。非常感谢凯蒂·安德森（Katey Anderson）、马蒂厄·伯恩赛德（Matthiew Burnside）、彼得·德拉科斯（Peter Drakos）、卡梅尔·芬利（Carmel Finley）、安·唐纳·黑兹尔（Ann Downer Hazel）、克里斯蒂安·詹宁斯（Christian Jennings）、乔伊·麦肯（Joy McCann）、迈克尔·雷迪（Michael Reidy）、大卫·罗宾逊（David Robinson）、乔什·史密斯（Josh Smith）和南希·夸姆-维克汉姆（Nancy Quam-Wickham）。同时，我也很感谢神秘海港博物馆（The Mystic Seaport Museum）的许多同事，我曾与他们共事，开设公共历史课程，合作研究和教学，并开发合作规划，使博物馆和康涅狄格大学之间的这种正式关系永具活力。我还要特别感谢埃莉莎·恩格尔曼（Elysa Engelman），作为一位历史学家，她具有非凡的洞察力。另外，还要感谢威廉姆斯大学（Williams College）的学生玛雅·萨卡-舍费尔（Maia Sacca-Schaeffer），2014 年夏天，是她协助了我的研究。

非常有幸能成为学校写作组的一员，该小组定期在康涅狄格大学埃弗里点校区（Avery Point）聚会，偶尔也选择在消防站。帕姆·比多（Pam Bedore）、苏珊·莱昂丝（Susan Lyons）和安妮塔·杜尼尔（Anita Duneer）都是写作组的常客，但我们也喜欢不时有其他伙伴加入进来。我很感谢他们若干小时的专注投入，以及他们就写作过程、开展的各种项目以及许多其他主题所进行的广泛探讨。当然，聚会上的美味巧克力和饼干也令人兴奋。此外，我还受益于康涅狄格大学各个办公室支持的全校范围的写作静修活动，这些活动每学期在埃弗里点校区举行数次。这种对于写作的制度性支持证实了一件事，那就是在既要关注学生需求，又要处理学校紧迫事务的同时，学术研究依旧是教师工作的核心。我也非常感谢康涅狄格大学文理学院图书基金（College of Liberal Arts and Sciences Book Fund）为书中引用的一些插图提供了资金支持。我还要感谢豪尔赫·托尔·科西奥（Jorge Torre Cosio）在寻找移动基线图像方面做出的不懈努力。

能有机会与远近的同事交流思想是学术界最大的优势。撰写海洋史的想法已在我的脑海中酝酿了十余年，本书的部分内容我已在一些曾邀请我访问和演讲的机构正式展示过。听众们对我的观点提出了一些疑问，在交流解决的过程中让我的论点更加有力，同时也在专业之外的领域给予我指导。我要感谢欧洲环境史学会（European Society for Environmental History，图尔库，2011）；2012 年圣地亚哥“蓝色弹珠”展览活动的组织者，该活动由科学史学会（History of Science Society）和斯克里普斯海洋研究所（Scripps Institution of Oceanography）共同赞助；2014年加州大学圣塔芭芭拉分校梅隆索耶研讨会（Mellon Sawyer Seminar at University of California, Santa Barbara）成员；2014年康奈尔大学全球景观竞赛项目（Cornell Contested Global Landscapes Project）的参与者；出席为庆祝瑞典皇家科学院成立275周年而举办的海事研究研讨会（Maritime Research Symposium）的科学家及其他人士；我在2015年斯坦福大学水下王国研讨会（Underwater Realm Workshop at Stanford University）上遇到的同事；参与2015年纽芬兰纪念大学海洋艺术讲座（Memorial University Arts on Oceans lecture）的教师和管理人员；2016年在瑞典皇家理工学院认识的同事；2016年图宾根大学东欧史与区域研究所水产史会议（Aquatic Histories conference at the University of Tübingen's Institute for Eastern European History and Area Studies）的与会者；2016年我访问慕尼黑蕾切尔·卡逊中心（Rachel Carson Center）时那里的学者；以及2017年爱丁堡大学人文科学高级研究院（Institute for Advanced Studies in the Humanities, University of Edinburgh）深邃时间、深水研讨会的参与者。

本书有三章内容和其他部分主要基于我自己的研究，但考虑到其涵盖的时间和地理范围，很显然，我的创作要依赖很多其他人的学识。许多同事给了我帮助，他们阅读了我的部分手稿，发现了其中的错误与不足，并在总体上让这本书更加充实。本书如仍有尚存的问题，不是他们的疏忽，而是我的责任。我要特别感谢约翰·吉利斯（John Gillis），在我们见面之前，他的工作就经常以有趣的方式与我的工作产生交叉，并给予我许多鼓励和支持。另有其他给予我帮助和灵感的读者，他们是雅克比纳·阿尔希（Jacobina Arch）、彼得•奥斯特（Peter Auster）、玛丽•伯考•爱德华兹（Mary K. Bercaw Edwards）、卡克•多尔西（Kurk Dorsey）、安妮塔•杜尼尔（Anita Duneer）、乔恩•厄兰森（Jon Erlandson）、玛尔塔•汉森（Marta Hanson）、佩内洛普•哈迪（Penelope Hardy）、珍妮弗•哈伯德（Jennifer Hubbard）、斯蒂芬•琼斯（Stephen Jones）、布兰登•凯恩（Brendan Kane）、亚当•科伊尔（Adam Keul）、苏珊•莱昂丝（Susan Lyons）、维贾伊•（威廉）•平奇（Vijay (William) Pinch）、迈克尔•罗宾逊（Michael Robinson）、南希•休梅克（Nancy Shoemaker）、蒂莫西•沃克（Timothy Walker）和丹尼尔•兹扎米亚（Daniel Zizzamia）。我欠大家一杯酒，或者，你们可以自己选择我答谢大家的方式，我期待用许多快乐的时光来感谢各位的帮助。

最后，也永远是最重要的，我要感谢我的家人。感谢在伊利湖（Lake Erie）岸边抚育我和兄弟姐妹长大成人的父母。在那里，我学会了驾驶小船，阅读海洋故事，并对大海满怀憧憬。但直到2003年搬到康涅狄格时，我才算真正住在海边。感谢我的两个在海边长大的孩子萨德（Thad）和梅格（Meg），还有我的侄女汉娜（Hannah）、侄子兰登（Landon）和杰克逊（Jackson），正是这些下一代的存在提醒了我，这本书最重要的读者，是将继续谱写人类与海洋之间故事的未来几代人。我要感谢我的兄弟姐妹及他们的伴侣：安妮（Annie）和道格（Doug）、珍妮（Jeanne）和杰夫（Jeff）、约翰（John）和艾丽莎（Alisa），感谢他们的爱与支持。最重要的是，我要感谢我的丈夫丹尼尔（Daniel），是他教会我了解真正的海洋并尊重海洋。他的智慧、博学以及那颗活跃的好奇心，深深地影响了本书的创作；他的实事求是与幽默风趣、他对生活的热情、出色的烹饪手艺、熟练的信息技术支持和对我无尽的爱，使这本书的出版成为可能。

图片致谢

本书作者和出版商谨对下列说明性材料的来源和/或转载的许可表示感谢：

阿拉米图片社（Alamy）：第70页（保罗•费恩/Paul Fearn），第209页（编年史）；生物多样性遗产图书馆（Biodiversity Heritage Library）：第90页；奥韦•克里斯蒂安森收藏馆（Ove Christiansen Collection）提供的照片：第142页；华盛顿大学图书馆淡水和海洋图像库（The Freshwater and Marine Image Bank, University of Washington Libraries）：第128页，第137页；通用汽车（General Motors）：第206页；盖蒂图片社（Getty Images）：第165页（SSPL），第178页（贝特曼/Bettmann），第197页（鲍勃•兰德里/Bob Landry，《体育画报》）；格陵兰博物馆与档案馆（Greenland Museum & Archive）：第50页；© 汉斯•席勒韦特（Hans Hillewaert）：第221页；印第安纳波利斯艺术博物馆/玛莎•德尔泽尔纪念基金（Indianapolis Museum of Art/Martha Delzell Memorial Fund）：第123页下图；iStockphoto图片库：第228页（大洋）；国会图书馆（Library of Congress, Washington, DC）：第75页，第108页；玛丽•埃文斯图片库（Mary Evans Picture Library）：第147页（SZ Photo/Scheri）；特里•马亚斯（Terry Maas）：第194页；马士基公司（Maersk）：第150页；莫特海洋实验室（Mote Marine Laboratory）：第199页；穆罕默德•阿里•穆萨（Mohammed ali Moussa）：第16页；© 神秘海港博物馆（Mystic Seaport

Museum）：第 96 页，第 116 页；©2018 波士顿美术博物馆（Museum of Fine Arts, Boston）：第 123 页上图；美国国家航空航天局（NASA）：第 219 页；© 威尔士国家博物馆（National Museum of Wales）：第 15 页；自然图片库（Nature Picture Library）：第 223 页（乔吉特·杜瓦 /Georgette Douwa）；NNB：第 44 页；NOAA-HURL 档案馆：第 21 页；波利尼西亚航海协会（Polynesian Voyaging Society）与 Ōiwi 电视：第 57 页；克劳斯·比尔格（Klaus Bürgle）和 www.retro-futurismus.de：第 163 页；雷诺兹品牌（Reynolds Brands）：第 172 页；阿姆斯特丹国立博物馆（Rijsmuseum, Amsterdam）：第 60 页；Shutterstock 图片库：献词页背页（Somkiat Insawa）；由皮埃尔·赛瑞特（Pierre Thiret）和安·兰德尔（Ann Randal）提供的图片并由安德里亚·赛斯–阿罗约（Andrea Sáenz-Arroyo）和社区与生物多样性组织（Comunidad y Biodiversidad, A.C）提供：第 226 页；联合国照片（UN Photo）：第 183 页（ES）；美国联邦政府（国家海洋和大气管理局，NOAA）：第 200 页；美国鱼类和野生动物管理局（Fish and Wildlife Service）：第 202 页；加州大学圣塔芭芭拉分校特藏部（University of California, Santa Barbara, Department of Special Collections），加州大学圣塔芭芭拉分校图书馆（UCSB Library），“弄走石油”环境组织（Get Oil Out!）：第 213 页；华盛顿大学图书馆，特藏部（University of Washington Libraries, Special Collections。UW5647）：第 132 页；弗门科夫（Vmenkov）：第 62 页；韦尔科姆收藏馆（Wellcome Collection）：第 82 页。